JN117022

はじめに

猫と一緒に暮らしていると、
様々な「わからん！」に出くわすことがあると思います。

どのフードを選べばいいのか、
どんなトイレをどこに置くべきなのか、
夜中になぜ走り回るのか、
ワクチンや健康診断って必要なの？…などなど。
特に、初めて猫を飼う方やこれから飼う予定の方にとって、
猫は「わからん！」だらけだと思います。
普段の生活や病気のこと、猫の気持ちなど、愛猫の幸せを願って
ネットやSNSで調べてみても、いまいちよくわからなかったり、
本当に正しい情報かどうか判断がつきにくかったりと
悩みが解決しないこともよくあるのではないでしょうか。

この本は、獣医師であり研究者であり、また猫の飼い主(げぼく)でもある

にゃんとすが、猫と一緒に暮らしていく中で飼い主さんに
知っておいてほしいことを厳選し、問題形式でまとめたものです。
多くの文献や論文を引用することで、
科学的根拠に基づいた健康管理のポイントや
猫とのコミュニケーション方法、猫の行動の意味など、
愛猫をもっと幸せにするための正しい知識を詰め込みました。
そして、2匹の猫と暮らすイラストレーターのオキエイコさんに
マンガを描いていただきました。
ぜひ楽しく、猫について学んでいただけたら幸いです。

この本を読むことで、あなたの愛猫が
「このおうちに来て良かったな」と思ってくれるような毎日を送れる
お手伝いができればと願っています。

獣医にゃんとす

プロローグマンガ

はじめまして
イラストレーターの
オキエイコです
しらすとおこめ
2匹の猫と
暮らしています
SHIRASU
OKOME
あなたたちの
ちゅ～る代の
ためにも仕事
するぞ～…
スッ
って、
コラ！
ドタ
どうして
私が仕事
しようと
するとPCに
乗るのよ～
ムクッ
あ！
おこめが急に
飛び出した！
jump
jump
うんち
ハイね
これは！

う〜ん
猫って謎行動
多過ぎる
よね…
あ、
あなたは…！
私が理由を
お教えしま
しょう
とある研究所で
猫のために
研究をしている
獣医にゃんとす
という者です
猫のことなら
猫に聞くのが
一番です
もんね！
正確には
私は猫では
ないのですが…
猫の気持ちが
わかると
愛猫ともっと
仲良くなれますよ！

登場する人物と猫

獣医にゃんとす
獣医師であり
研究者であり
愛猫にゃんちゃんの飼い主
にゃんちゃん
11歳、♂
オキエイコ
しらすとおこめ
2匹の猫と暮らす
イラストレーター、漫画家
しらす
7歳、♀
おこめ
6歳、♀

もくじ

第1章 猫との暮らしの「どっちが正しい？」

第1章

猫との暮らしの「どっちが正しい？」

猫と暮らすために
知っておきたい、
ごはんやトイレ、
日々のお手入れや環境のこと…
獣医師であり、愛すべき猫の
〝げぼく〟でもある
にゃんとす先生が、
飼い主さんに伝えたい
大切なことをまとめました。
ぜひ、全問正解を目指しましょう！

ドライフードとウェットフードはどっちが良いの？

Ⓐ ドライフード

Ⓑ ウェットフード

Ⓒ 両方与えるのが良い

キャットフードには、主にドライフード（カリカリ）とウェットフード（缶詰やパウチ）の２種類があります。愛猫の健康のためにはどちらが良いでしょうか？

Ⓒ 両方与えるのが良い

ドライフードとウェットフードは…

にゃんとす先生の解説

ドライフードとウェットフードの「ミックスフィーディング」

ドライフードの一番のメリットは「安価で便利」という点です。ドライフードは〝水分含有量が10％以下の粒状のペットフード〟と定義されています。乾燥させることで細菌やカビの繁殖を抑えることができるため、開封後も腐りにくく、手軽に与えることができます。価格もウェットフードより安価で経済的です。

しかしながら、**ドライフードは水分含有量が少ないため、尿路結石や特発性膀胱炎などの下部尿路疾患のリスクが上昇するというのがデメリットです。**実際に尿管結石のリスク因子を調べた研究では、ドライフードを主食にしている猫は、ウェットフードを主食にしている猫に比べて15・9倍も尿管結石になりやすいという結果が報告されています。

一方のウェットフードは70～80％以上が水分なので、効率良く水分を摂取することができます。また水分が多い分カロリーも低く、肥満予防にも適しています。一般的にウェットフードのほうが猫に好まれやすいというメリットもあります。柔らかい食感を好む猫が多く、食べ応えもあるので、満足感が高いのでしょう。

このようにウェットフードは良いこと尽くめのようですが、デメリットもあります。

保存期間が短く、一度開封したものは冷蔵庫で保管しても1~2日以内に使いきる必要があります。また、ドライフードに比べて価格が高い傾向にあります。

さらに、**最も大きな健康上のデメリットは、歯石がつきやすく、歯肉炎になりやすいという点です。**２００６年の研究で、９０７４匹の猫の歯石の付着、歯肉炎の有無、下顎リンパ節の腫れを調査したところ、ウェットフードのみ与えていた猫で最もスコアが高かったそうです。歯周病はお口の健康だけでなく、慢性腎臓病などの全身の病気の発症リスクを上昇させることが明らかになっているため、軽視できません。

では結局、ドライとウェットどちらが良いのかというと、それぞれメリット・デメリットがあるため一概に判断することはできません。**そこでおすすめなのが、「ミックスフィーディング」と呼ばれる方法です。**

両者それぞれの良い点を組み合わせることで、デメリットを緩和することができます。例えば、出勤前には1日中置いておけるドライフードを、帰宅後にはウェットフードを与えるという方法があります。ミックスフィーディングを行う際は、できればドライとウェットで同じメーカーの対応した製品を選ぶようにしましょう。

キャットフードの与え方について、正しいのはどっち？

A 「総合栄養食」と表記されているフードを与える

B 年齢にかかわらず、できるだけ同じフードを与え続ける

猫の日々の健康管理において、フード選びは非常に重要です。しかしキャットフードは本当に様々な種類が販売されており、愛猫の好みや体調を考えると何を与えたらいいのか迷ってしまいますね。

答え

A キャットフードは…「総合栄養食」と表記されているフードを与える

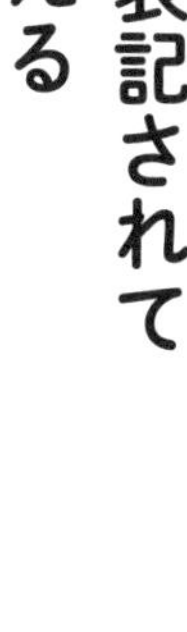

なんだか
最近しらすの
食欲ないみたい

にゃんとす先生の解説

栄養バランスの取れた「総合栄養食」を選ぼう

市販のキャットフードには「総合栄養食」「一般食」「療法食」などの表示区分があります。「一般食」は嗜好性の高い、いわゆるおやつにあたります。これだけで必要な栄養素を補うことはできないので、あくまでご褒美やコミュニケーションのために与え、**主食には「総合栄養食」といって、猫の健康を維持する栄養がバランス良く含まれているフードを選びましょう。**

しかし、海外の研究によると、総合栄養食の表示があっても実際には栄養基準を満たしていないフードもあるようです。そのため、私たち獣医師は、信頼できる大手メーカーのフード（ロイヤルカナンやヒルズなど、Ｐ２３３）をおすすめすることが多いです。

「療法食」と表記されたフードは、猫ちゃんが病気になった時に治療のサポートとなるフードです。療法食を与えることで、例えば慢性腎臓病の猫の寿命が延びたり、ある種の尿路結石を溶かしたりすることができます。

このように、療法食は非常に効果が高いので、誤った与え方をすると逆に体調を崩してしまうことがあります。これほど効果が高いにもかかわらずネットやホームセンターで簡単に手に入ってしまうことが問題なのですが、飼い主さんの自己判断で与えるのはNGで、必ず獣医師の指導のもとで与える必要があることを覚えておきましょう。

また、**同じフードを与え続けることもあまり良くありません。というのも、猫は年齢によって必要な栄養素やカロリー量などが大きく変化するからです。**一般的に10歳前後は最も太りやすい時期ですが、14歳を超えると逆に痩せやすい体質になっていくといわれています。そのため、体重や体型を評価しながら徐々にカロリーが高めのキャットフードに切り替えていくというふうに、ライフステージ（Ｐ１５６）の変化に合わせて食事内容も変えていくことが理想的です。

さらに、高齢になると慢性腎臓病（Ｐ２００）などの病気を発症することもあるかもしれません。その場合は療法食を含めた食事内容の見直しが必要になります。定期的に健康診断を受け、かかりつけの先生と相談しながら、食事内容を決めるのがベストです。

キャットフードの原材料について、意識するべきポイントは？

Ⓐ グレインフリーかどうか

Ⓑ ヒューマングレードかどうか

Ⓒ 必要以上にこだわらなくてよい

「グレインフリー」とは、小麦、トウモロコシ、オーツ麦、オオムギ、米などの穀物を使わずに作られたキャットフードのこと。「ヒューマングレード」とは、人間が食べられるレベルの食材を使用したキャットフードのことです。

答え

C 必要以上にこだわらなくてよい

キャットフードの原材料は…

今日もよく食べてくれるね

にゃんとす先生の解説

グレインフリーやヒューマングレードにこだわる必要はない

最近、特にネット上で「グレインフリー」や「ヒューマングレード」といった、原材料にこだわったキャットフードを与えるべきだという情報が拡散されています。しかし、現時点でこうしたキャットフードが他のフードに比べて健康維持に優れているという根拠はありません。

穀物を使わずに作られたグレインフリーフードを支持する主な根拠は、「野生の猫は穀物を食べないから猫にとって穀物は悪である」という単純なものです。しかし、そもそも野生の食事がその動物にとって完璧な栄養組成であるとは限りません。実際に完全肉食動物の猫であっても、穀物に水を加えて加熱した状態（アルファ化）であれば、問題なく体内で吸収され、むしろ良いエネルギー源や栄養源になります。

また、**猫は穀物に対するアレルギーを起こしやすいという情報も散見されますが、実際には肉類に対するアレルギーのほうが多く、穀物アレルギーは比較的まれです。**

さらに、グレインフリーフードは動物性タンパク質を中心に使用するため、リンの含有量が多くなる傾向があります。高リン食は慢性腎臓病を進行させることがわかっているため、高齢の猫には適していない可能性があります。

※糖尿病発症後は獣医師の指導のもとで炭水化物量を制限した療法食を与えることが推奨されています。

そして、キャットフードに含まれる穀物（炭水化物）が糖尿病の原因になるという情報にも根拠はありません。※**猫の糖尿病の主な原因は肥満であり、むしろ一部のグレインフリーキャットフードは炭水化物の代わりに脂質を多く含むハイカロリーのものがあるので注意が必要です**（炭水化物は4kcal/g、脂質は9kcal/gなので高脂質食のほうがカロリー過多になりやすい）。

ヒューマングレードのフードは食材の質が高いことを謳っていますが、他のキャットフードと比較して品質や栄養価が優れているわけではありません。というのも、完全肉食動物の猫と雑食の人間では食性が大きく異なっているからです。例えば、血生臭くて人間が好まない魚の血合い肉なども猫にとっては高栄養な食材となります。

このように「グレインフリー」や「ヒューマングレード」などのワードは「なんとなく健康に良さそう……」という心理を狙った販促のためのものであり、必要以上に原材料にこだわる必要はありません。**信頼できるメーカーのフードを選ぶこと、愛猫のライフステージにあった栄養組成やカロリーのものを選ぶこと、そして太らせないことが大切です。**

ドライフードの正しい保存方法は？

Ⓐ 密閉容器に移して冷蔵庫で保存する

Ⓑ パッケージのまま常温で保存する

開封後のドライフード（カリカリ）はどのように保存していますか？　おいしさと安心を保つために、簡単にできる保存方法のコツがあります。

答え

B パッケージのまま常温で保存する

ドライフードの正しい保存方法は…

猫フードをおしゃれ容器に入れ替えて整理しよっと

新しい袋だと反応が違う…

もしかして今まで湿気ってた？

この匂い～

ごはーん

にゃんとす先生の解説

ドライフードはパッケージのまま保存しよう

ドライフードを別の容器に移して保存している方が意外と多いですが、基本的にはそのようにする必要はありません。というのも、**メーカーがフードの品質や風味が維持できるように研究した包装袋が使用されているため、パッケージの袋のまま保存することが推奨されています。**ファスナーが付いていないタイプの場合は、フードクリップなどで口を留めて保存しましょう。

しかし、大容量サイズの場合は、開封後しばらくすると酸化によって食いつきが悪くなったり、健康に影響が出たりすることがあります。**ついついお得な大きいサイズのものを購入しがちですが、1か月程度で食べきれるサイズのものを購入するようにしましょう。**

それでも食いつきが悪くなる場合は、小さめの容器に小分けにし、その中から

キャットフードを与える方法もおすすめです。袋を開ける回数が減り、キャットフードの酸化を防ぐことができます。

ただし、プラスチック製の保存容器はキャットフードの風味が落ちる可能性があるため、ガラス製の密閉容器が望ましいです。またジッパー付きのポリエチレン製の保存袋は酸素を通してしまい、酸化を防ぐことはできないので注意してください。

また、**ドライフードを冷蔵庫で保存するのはNGです。出し入れの際の温度差で結露し、カビが生えやすい状態になってしまいます。温度変化の少ない場所で、高温多湿や直射日光を避けて保存するようにしましょう。**

ウェットフードについては、開封前はドライフードと同様に高温多湿、直射日光を避けて常温保存でかまいません。開封後は傷みやすいので冷蔵庫で保存し、なるべくその日のうちに、遅くても翌日までに食べきるようにしましょう。

与える際は電子レンジで37～40℃ほど（人肌より少し温かい温度）に温めると、猫ちゃんの食いつきが良くなります。温め過ぎはやけどの危険や、逆に食いつきが悪くなったりするので注意しましょう。

おすすめのおやつのタイプは？

A ドライタイプ（カリカリ）

B ペーストタイプ

猫におやつを与える時は、飼い主さんがタイミングをコントロールすることが大切。猫がおねだりするタイミングではなく、「ご褒美」として与えるのがポイントです。では、おやつの種類は何が良いでしょうか？

答え

B ペーストタイプ

おすすめのおやつのタイプは…

ただいま～
遅くなって
ごめんね

ペーストタイプのおやつがおすすめ

猫におすすめのおやつは、CIAOちゅ～る（P234）のようなペーストタイプです。というのも、この種類のおやつは、猫ちゃんが大好きというだけでなく、カロリーが比較的低めのものが多く、肥満の原因になりにくいためです。また、水分を多く含んでいるので、泌尿器疾患や便秘の予防、熱中症対策にも効果的です。

一方、ドライタイプのおやつはペーストタイプと比較してややカロリーが高い点に注意が必要です。とはいえ、歯磨き効果のある種類もありますので、知育トイ（P47）を組み合わせて与えるといいでしょう。

歯磨き用のおやつを選ぶ際は、アメリカ獣医口腔衛生協議会（VOHC）の認定マークがついているものを選びましょう。この認定マークがついているおやつは、歯垢や歯石の

蓄積をコントロールする効果が確認されています。

おやつを与えるタイミングにも大切なコツがあります。それは、爪切りをしてくれたり、正しい場所で爪研ぎをしてくれたり、動物病院で勇気を出して診察を受けた時など、猫ちゃんを褒めてあげたいタイミングで与えることです。

実際におやつなどのご褒美を与える家庭では、適切な場所で爪を研いでくれる確率が高いというデータもあります。我が家のにゃんちゃんは、寂しがり屋なので、お留守番を頑張った後にご褒美のおやつを与えるようにしています。

もし猫ちゃんにおねだりされたタイミングでおやつをあげてしまうと、おねだりがエスカレートしたり、フードの好き嫌いの激しいわがままな猫ちゃんになったりしてしまいます。こうなると、病気になった時に療法食を食べてくれず、最適な治療が受けられなくなってしまう可能性があるので注意しましょう。

おやつをあげる量は、1日に必要な摂取カロリー（体重×30+70kcal）の5％程度にとどめておくと安心です。体重4kgの猫なら、4×30＋70＝190kcalの5％で9・5kcalとなります。

おすすめの食器のタイプは？

A 口が広いもの

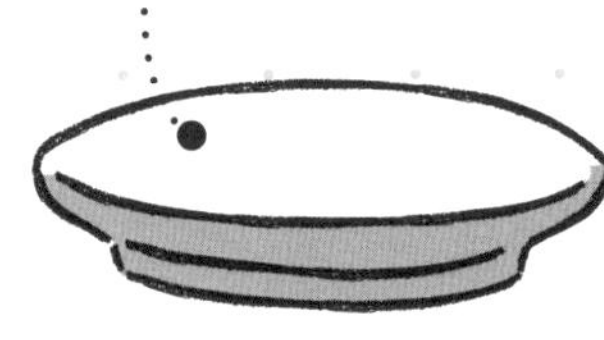

B 背が高いもの

猫のひげは高感度のセンサー。猫が食べたり飲んだりする時に、ひげが食器の側面に触れて不快感を覚えることを指す、「ひげストレス」や「ひげ疲れ」という言葉もあるほどです。でも、これって根拠があるのでしょうか…？

答え

B 背が高いもの

おすすめの食器のタイプは…

猫ごはんの器っていろんな形があるよね

広い方が食べやすそうだし平皿にするか〜

にゃんとす先生の解説

食器選びは猫に選択肢を与えてあげよう

猫のひげストレスに関するある研究では、38匹の猫を対象に実験を行いました。まず、普段使用している食器でドライフードを食べる様子を撮影し、12時間後に、ひげに優しい平皿でドライフードを与え、同じように食事の様子を観察しました。

その結果、食事に費やす時間や食べたフードの量などに有意な差は観察されなかったようです。一方、いつもの食器とひげに優しい平皿を並べて与えた場合は、一部の猫で平皿を好んだ傾向があったようですが、これは単にいつもと違う食器に興味を示しただけの可能性があり、猫にひげストレスが存在する明確な証拠は得られなかったと結論づけています。

このような結果を踏まえると、猫の食器を選ぶ際にひげが当たるかどうかは、じつはあまり重要ではないのかもしれません。たしかに猫のひげは非常に感度の良いセンサーの役割を果たしていますが、ひげが食器に触れる感覚は、必ずしも不快な感覚ではないのでしょう（飼い主さんのコップに顔をむぎゅっと入れて水を飲む猫ちゃんもいるようですしね笑）。

ただし、今回の研究では高齢の猫も多く含まれており、既にひげが触れる食器に慣れていた可能性もあり、今後も研究を続ける必要があると著者らは述べていました。

食器選びの際に注目するポイントは他にもあります。意外と見落としがちですが、食器の背の高さも重要です。**特に高齢の猫ちゃんは程度の差はあれど、ほとんどの猫が関節炎を持っているため、頭をさげてかがむ姿勢は負担がかかってしまいます。また、かがむ姿勢は食道が折れ曲がって腹部が圧迫されるので、吐き戻しやすくなってしまいます。**

そこで、食器を高くするだけで高齢の猫ちゃんがよくごはんを食べるようになったり、早食いの猫ちゃんの食後の吐き戻しが改善したりすることがあります。

食器の材質も様々ですが、プラスチック製のものは傷が入りやすく、雑菌が繁殖しやすいため、猫ニキビ（ざそう）の原因になることがあるので注意が必要です。陶器製や磁器製のものは傷が入りにくく、清潔に保つことができます。

いずれにしても大事なことは、猫ちゃんに選択肢を与えてあげることだと思います。もし、今の食器を嫌がったり、ごはんを床に落として食べたりして悩んでいる場合は、いろんな食器を並べてどの食器を一番好むか、検証してみると良いでしょう。

猫が好きな猫砂の種類は？

Ⓐ 鉱物系

Ⓑ 紙系

猫砂の種類は、鉱物系、紙系、木系、おから系、ウッドチップやシリカゲルなど…。猫のストレス軽減や病気の予防の観点から、猫砂選びはとても大切です。

鉱物系

猫が好きな猫砂の種類は…

猫砂重いし
今回はネットで
買おうかな

ねこ砂

にゃんとす先生の解説

鉱物系の砂を好む猫が多い

猫はこだわりが強い動物なので、猫砂の肉球に触れる感触や砂のかき心地などに不満があるとトイレを我慢したり、トイレ以外の場所でおしっこをしたりするようになります。人間で例えるなら、和式の汚い公衆便所をなるべく使いたくないような感覚に近いかもしれません。

トイレの我慢は、尿路結石や特発性膀胱炎のような下部尿路疾患のリスクがあがりますし、布団や衣服でおしっこをされると飼い主さんと猫ちゃんの仲に亀裂が入ってしまうかもしれません。そして何より、気に入らないトイレを使い続けないといけない状況は猫ちゃんがかわいそうですよね。

猫砂の好みはもちろん猫ちゃんによって個体差はありますが、圧倒的に「鉱物系」の猫砂が人気です。これは多くの研究で証明されています。粒が小さく重さがあり、より自然の砂に近い猫砂を好むようです。

一方で、紙系やおから系の猫砂は粒が大きく軽いためか、人気がありません。肉球に触れる感覚や砂のかき心地が気に入らないのかもしれません。また、すのこがある「システムトイレ」も、飼い主にとっては掃除の手間が減らせて非常に便利ですが、猫の人気は低いようです。

実際に、10匹の猫ちゃんに協力してもらい、5種類の猫砂で使用回数を比較したライオンペットの実験によると、鉱物系21回、木系7回、おから系3回、木系（システムトイレ用）2回、紙系1回という結果でした。

そのため、トイレの失敗などで困っていて、現在、鉱物系以外の砂を使っている場合は、一度、鉱物系の砂を使用してみることをおすすめします。ただし、これまでの環境や経験によって猫の好みは異なるため、必ずしも当てはまらないこともあります。いろいろ試してみると良いでしょう。

そして、**新しいトイレや猫砂を導入する時は、「トイレカフェテリア」という手法を使うことで、猫が自分に合ったトイレや砂を選ぶことができます。トイレカフェテリアは、複数のトイレと砂を用意し、猫に好みのトイレを選んでもらう方法です。今まで使用していたトイレはそのままにしておき、近くに新しいトイレを設置するようにしてください。**新しいトイレを気に入れば自然と使用回数が増えるので、徐々に新しいトイレに移行していくことができるはずです。

お部屋のレイアウトで不適切なポイントは？

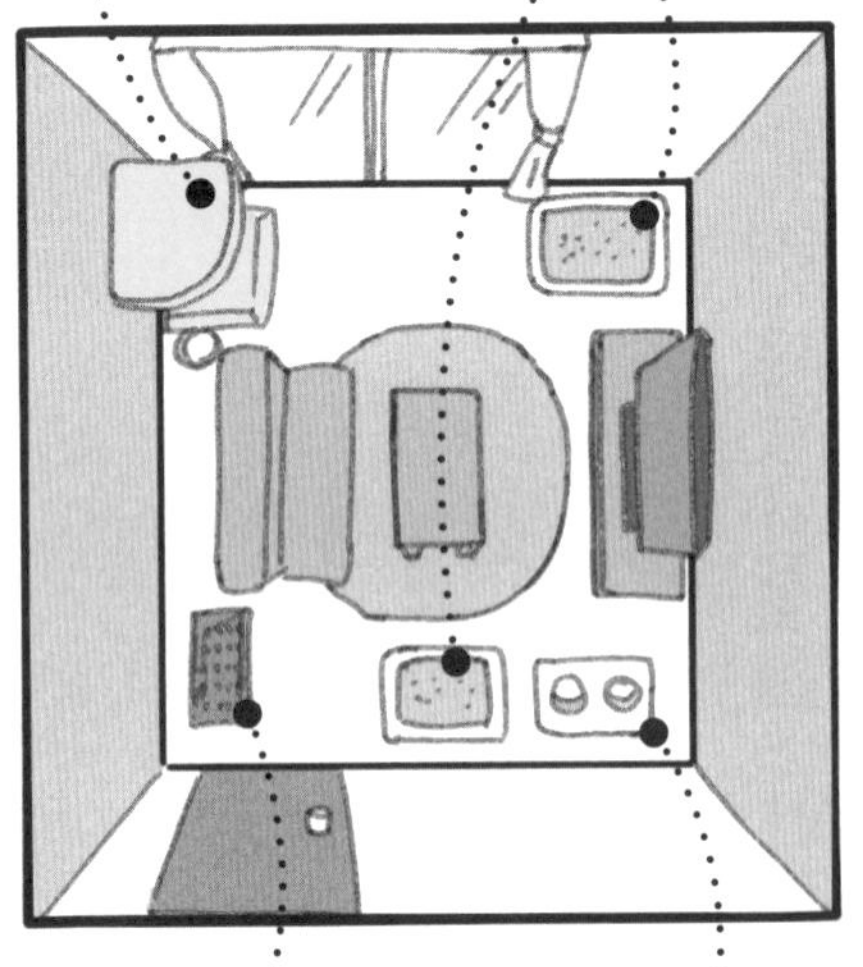

このお部屋にある猫アイテムは、ごはん、飲み水、トイレ、キャットタワー、爪研ぎ。この中に１つ、NGポイントがあります。

ごはん

お部屋のレイアウトで不適切なポイントは…

よーし！
今日は模様替えするぞ！

模様替えは猫ファーストで考えなきゃね
お水やトイレは複数用意してあげて…

ごはん、飲み水、トイレ、キャットタワー、爪研ぎの位置

猫の快適な生活環境を作るために、気をつけたいポイントは次の5つです。ただし、これは一般的な話で個々の猫ごとに好みは異なります。猫は個性豊かな動物ですので、いろいろ試してみて、愛猫にぴったりのお部屋作りを目指しましょう！

①**ごはん**……ごはんはトイレと離れた場所に配置しましょう。私たち人間と同じように、猫も食べる場所と排泄する場所を分けたいものです。また、猫砂が飛び散ってごはんが汚れることもありますので、注意しましょう。

②**飲み水**……水はいろいろな場所に置くと良いです。ごはんの隣だけでなく、猫がくつろぐ場所の近くや寝室など複数箇所に置くようにしましょう。水分補給は猫の健康維持に欠かせないので、猫が気軽に飲める環境をととのえましょう。

③**トイレ**……目立たない場所や静かな場所に配置しましょう。ただし、冬場の廊下など寒い場所は避けてください。寒さによってトイレを我慢しやすくなる場合があり

ます。リビングの隅など、飼い主さんがよく過ごす場所に配置すると良いですね。また、複数の猫がいる場合は、トイレをまとめて置くのではなく、分散して配置しましょう。複数のトイレがあると、猫たちがストレスなく利用できます。

④**キャットタワー**……部屋の壁際や窓際に置くと良いでしょう。猫は高い場所が好きで、部屋を見渡せる位置や外の景色を楽しむことができる場所を選びます。また、猫は飼い主さんと同じ目線でコミュニケーションを取りたがることがありますので、ドアの近くに置いて飼い主さんを待ち伏せしたり、ソファの近くで一緒に過ごせる場所にも配置してみましょう。エアコンが苦手な場合は、直接風が当たらないように注意を。

⑤**爪研ぎ**……猫は爪を研ぐことでマーキングを行っているので、部屋の出入り口付近や角に爪研ぎを置くとよく使ってくれる場合があります。特にオス猫は縄張り意識が強い傾向があります。この場合、より高い場所で爪研ぎをしたいという猫も多く、ポール状の爪研ぎやキャットタワーの麻縄部分を好むこともあります。

Which One is Correct?

問題

2泊3日の旅行に行く時、猫はどうするべき？

A おうちでお留守番させる

B ペットホテルや動物病院に預ける

C 一緒に連れていく

「愛猫と一時も離れたくない！」と思っても、家族の旅行や帰省、出張などで、やむをえず家を空けなければならないこともあるでしょう。そんな時、猫ちゃんが最もストレスなく過ごせる方法はどれでしょうか？

答え

A おうちでお留守番させる

2泊3日の旅行に行く時は…

明日から出張…
出張中の猫の世話は頼んであるけど…
??

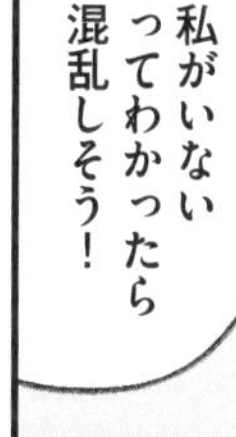

にゃんとす先生の解説

2泊3日の旅行なら、お留守番がストレスが少ない

猫は自分の縄張りの中でのんびりと過ごすことを好む動物なので、環境が変わるのを嫌います。なので、ペットホテルや動物病院のような慣れない場所に預けたり、一緒に旅行に連れていったりすることは大きなストレスになります。

そのため、基本的には1～2泊程度であれば、おうちでお留守番させたほうがいいでしょう。3泊以上の長期で家を空ける場合も、家族や知人にトイレや食事のお世話をお願いしたり、ペットシッターのサービスを利用したり、なるべく普段と変わらない環境のほうが、猫ちゃんにとって負担は少ないはずです。

ただし、糖尿病や慢性腎臓病のような定期的な処置が必要な場合などは動物病院等に預けたほうが良い場合もありますので、かかりつけの先生とよく相談しましょう。

猫はお留守番が得意なイメージがあるかもしれませんが、最近では完全室内飼いが進み、飼い主さんとの距離が近づいたことから、寂しがり屋な猫ちゃんが増えてきました。お留守番中に飼い主さんを求めて鳴き続けたり、トイレ以外の場所でおもらしをしたり、物を壊したりする場合は「分離不安症」による不安行動かもしれません。

分離不安症は、特に去勢したオス猫で多いといわれており、また引っ越しや新入り猫を飼い始めたなどのストレスが原因で症状が現れる場合もあります。

お留守番中の猫ちゃんのストレスを少しでも和らげるためには、知育トイがおすすめです。知育トイは、おもちゃの中におやつやごはんを入れて工夫して取るというゲームのようなもので、猫本来の捕食行動を模倣した遊びです。猫には狩猟本能があるため、「頭を使って食べる」という行動がどうやらストレス解消や満足度の向上につながるようです。実際に、知育トイによって分離不安症による問題行動が軽減したという例も報告されています。

知育トイを使った食事は、米国猫獣医協会（ＡＡＦＰ）と国際猫医学会（ＩＳＦＭ）の定めたガイドラインでも推奨されている方法です。お留守番中のほか、認知症による問題行動、トイレの失敗、同居猫への攻撃行動の解消につながる効果など、様々なメリットが期待されています。

その他のお留守番対策としては、飼い主さんのにおいがついた服や毛布を置いておく、自動給餌器を使って普段と同じ時間帯に食事を与える、といった方法もおすすめです。飲み水や猫砂もいつもより多めに用意しておきましょう。

通院用のキャリーバッグはどっちが良い？

A プラスチック製の箱型タイプ

B 布製のリュックタイプ

猫の外出の際に便利な必須アイテムであるキャリーバッグ（キャリーケース）。様々な材質・形状のものやおしゃれで可愛いものも販売されていますが、動物病院に行く時に最適なのは…？

通院用のキャリーバッグのおすすめは…

A プラスチック製の箱型タイプ

解説は次のページへ

通院にはプラスチック製の箱型、災害時の避難用にはリュックタイプ

動物病院への通院用には、上面がガバッと開くプラスチック製の箱型タイプのキャリーバッグがおすすめです。というのも、一方向しか開かないタイプのキャリーの場合、診察や処置をする際に猫ちゃんを無理やり引っ張り出すことになってしまいます。また、リュックタイプは布製のものが多いので爪が引っかかりやすかったり、あまり大きく開かないので手を入れる空間が狭かったりと、嫌がる猫ちゃんを取り出す際に非常に苦労します。そうこうしている間に猫ちゃんのボルテージがあがって処置ができなくなってしまう…なんてことも多々あります。

左ページの図のようなキャリーバッグであれば、上からタオルや毛布をかけてゆっくり出すことができるので、猫も興奮しにくく、処置もしやすくなるのです。特に病院が苦手で大暴れしてしまうような猫ちゃんは、このタイプのキャリーだと負担も少なくて済みますし、チャレンジできる検査や治療の幅も広がるはずです。

また、**日頃からキャリーバッグに慣れさせておくと、通院や診察室でのストレス軽減効果が期待できます。**ある研究によると、キャリートレーニングによって通院時の車移動のストレススコアの低下につながり、スムーズな診察が行えるようになったそうです。次の手順で、焦らずゆっくりステップアップしていくことがポイントです。

①キャリーの扉を開けて部屋に置いておく
②キャリーの中でおやつや食事を与える
③キャリーの中に慣れたら扉を閉めてみる
④扉を閉める時間を延ばす
⑤キャリーを持ち上げて室内をうろうろ歩いてみる

ちなみにリュックタイプのキャリーバッグは通院用には不向きですが、両手があくので災害時の避難用におすすめです。

通院用と避難用で使い分けることができれば理想ですね…！

猫に猫草は…？

A 積極的に与えるべき

B 無理に与える必要はない

猫は肉食ですが、猫草を好んで食べる猫ちゃんも多いようです。そもそも猫草にはどんな役割があるのでしょうか？　健康のためには食べさせたほうがいいのでしょうか？

B 無理に与える必要はない

猫に猫草は…

にゃんとす先生の解説

猫草は必ずしも与える必要はない

猫草は、主にオオムギやエンバクなどの猫が口にしても安全な植物の総称です。ホームセンターなどで販売されており、栽培キットも売られていますよね。実際に猫ちゃんに与えている飼い主さんも多いかもしれません。

なぜ猫は完全肉食動物なのに草を食べるのでしょうか？　この答えは厳密には明らかになっていませんが、野生で暮らしていた頃、摂取した獲物の消化できない部分（被毛や骨など）を胃から取り除くために、草を食べて嘔吐を誘発していた説が有力です。しかし、最近の研究によると、草を食べた後に嘔吐する猫は意外にも2～3割にとどまっており、吐くためだけに草を食べているわけではないということもわかってきました。

チンパンジーなどの霊長類は、消化できない草を食べて腸を活発に動かすことで寄生虫から身を守っていたようで、猫も腸の動きを良くして寄生虫を排出していた頃の名残りではないかという説も浮上しています。

キャットフードを食べ、寄生虫の脅威からは遠ざかっている現代の猫ちゃんにとっ

て猫草は必ずしも必要なものではありませんが、便秘の予防や毛玉を吐かせるために猫草を与えることがあります。

しかし、毛玉予防であれば定期的にブラッシングをして、なるべく吐かないようにしてあげるほうが猫にも優しいですし、便秘予防ならウエットフードや療法食のほうが効果的です。猫草の大きなメリットはないと考えていいでしょう。

一方、健康にマイナスな効果もないので、猫がその食感が大好きなのであれば与えても問題ありません。ただし、大量に食べたり、頻繁に吐いたりするようなら与える量を制限してあげたほうが良いでしょう。

最も注意が必要なことは、猫草のように猫が安全に口にできる植物は一握りで、猫にとって有毒な植物がたくさん存在するということです。一説によると700種類を超える植物が猫にとっては有害であるとされています。

特にユリ科植物は、花瓶の水を飲んだり、葉を少しかじったりしただけで急性腎障害に陥り、死に至ることもあります。猫草を与える場合は必ず「猫草」として販売されているものを与えるようにしてください。

猫の誤飲事故で最も多い原因は？

A 人間の食べ物

B ひも状の異物

猫は、誤って危険なものを飲み込んでしまう誤飲事故がよく起こります。東京大学の研究でも、猫の問題行動の中で「異嗜（食べてはいけないものを食べる）」が最も多く、30％以上の飼い主さんが悩んでいるという結果もあるほど…。

答え

B ひも状の異物

猫の誤飲事故で最も多い原因は…

あ
床に転がっているのは…
食べかけのチョコレート!

にゃんとす先生の解説

ひも状の異物やネズミ形のおもちゃの誤飲が多い

猫は誤飲事故が発生しやすいです。SNS上でアンケートを取ったところ、誤飲の中で最も多かったものは「ひも」でした。ひも状の異物は非常に危険で、腸が裂けたり壊死したりして、お腹の中で強い炎症が起こり、命を脅かす危険な状態に陥ります。実際に、ひも状異物は他の異物に比べて生存率が低いという研究結果もあります。リボンやビニールひも、衣服のひもや糸、縫い針のついた糸などが特に多く、注意が必要です。最近はマスクのひもの誤飲も増えています。

ひも（約30％）の次にランクインしたのは、おもちゃ（約13％）、そして鰹節の袋や肉汁を吸うシートなどの食べ物のにおいがついた異物（約10％）、布製品（約8％）、ビニール（約7％）、ジョイントマットのようなゴム製品（約7％）と続きました。

特に、ネズミの形をしたおもちゃは丸呑みして腸に詰まってしまうケースが多発しており、非常に危険です。釣り竿型のおもちゃのひも部分や、猫じゃらしの装飾部分なども食べてしまいやすいようです。

事故を防ぐためには、ひもやおもちゃを放置しないなどの対策が大切ですが、もし誤飲してしまった場合は、必ずかかりつけの獣医師に電話等で相談しましょう。元気や食欲があったとしても、「うんちが出るまで様子を見よう」と自己判断で待つのはやめてください。特に、次の場合は危険な状態に陥る可能性があります。

- **ひも状の異物（特に細くて長いもの）**
- **大きいものや大量に飲み込んでしまった場合**
- **縫い針や釣り糸、骨のように尖っているもの**
- **伸縮性のあるゴム製品など**
- **猫に毒性があるもの（人間の薬やサプリ、ユリ科などの植物）**

誤飲したか確信できない場合であっても、誤飲してしまったと考えて行動するほうが良いでしょう。激しく嘔吐していたり、吐きたくても吐けずにじっとしている、急に元気・食欲がなくなったといった症状がある場合は、誤飲している可能性が高く、一刻も早く受診する必要があります。もし何度も誤飲をくり返してしまう場合は、行動診療科（問題行動などを診る、動物の精神科に近い診療）の治療が必要な可能性もありますので、まずはかかりつけの先生に相談するようにしましょう。

おうちの中で猫の事故が起こりやすい場所はどっち？

A お風呂

B キッチン

おうちの中は、外の世界に比べてずっと安全ですが、大怪我や命に関わるような事故が起こることもあります。猫は好奇心のかたまり。飼い主さんの予想を超える行動をする場合があるので、よくある事故を知って対策しましょう。

Ⓐ と Ⓑ どっちも正解

事故が起こりやすい場所は…

にゃんとす先生の解説

お風呂やキッチンの事故に注意！

おうちの中で特に事故が起こりやすい場所は、お風呂場です。特に子猫や若い猫ちゃんがお風呂のフタに飛び乗った際にフタが外れて、残り湯で溺れてしまう事故が少なくありません。浴槽はつるつると滑るので、一度落ちてしまうと自力で上がることが非常に難しいのです。

また、お風呂掃除に使用するカビ取り剤などの塩素系洗浄剤は猫に対して有害です。掃除の様子を近くで見ていただけで、呼吸器障害や心筋障害に陥ったケースが報告されています。しかもなぜか猫は塩素のにおいが好きなようで、マタタビのような反応を見せることも。お風呂掃除の際は猫を隔離し、しっかり換気するようにしましょう。

他にも、洗濯機の中でくつろぐ猫に気づかずに洗濯してしまうという事故も起こっています。特にドラム式の洗濯機は猫が入りやすいので、注意が必要です。乾燥機でも同様の事故が起こっており、重度の熱中症になってしまったケースが報告されています。

キッチンも注意が必要です。ゴミあさり（おやつの袋、肉汁のついたシートやひも）

や排水溝ネットの誤飲、箸をくわえたまま飛び降りてのどに刺さってしまう事故などが起こっています。また、飼い主さんの留守中にコンロの押すスイッチを踏んで着火してしまったことによる火事も発生しており、中には猫ちゃんが亡くなってしまったケースもあったようです。フタ付きのゴミ箱を使う、箸や包丁を出しっぱなしにしない、コンロは元栓を閉めたり、ロック機能を使うなどの対策を徹底しましょう。

　リビングで起こる事故としては、カーテンやキャットタワーに爪を引っかけて爪が折れたり、骨折・脱臼してしまったりするケースが多いです。爪切りは大変ですが、サボらずこまめにしてあげてください（P66）。キャットケージやメタルラックでも同様の事故が多く、大怪我につながることも多いので注意が必要です。ケージの上に登らないような工夫や、足が引っかからないように板を敷いたりする必要があります。

　また、ベランダからの落下事故も多いです。「キャットフライングシンドローム（高所落下症候群）」という名前がついており、高層階でも自ら飛び降りてしまうのです。**2階からでも亡くなるというデータもあるので、「猫は運動神経がいいから」「うちの子は大丈夫」と過信せず、ベランダには出さないようにしましょう。**

「うちの子は爪切りが苦手…」正しい対応はどっち？

Ⓐ 負担が少ないようにできるだけ1回で済ませる

Ⓑ 寝ている間などに隙を見て1〜2本ずつ切る

猫は自分で爪研ぎをするから爪切りは要らない…なんてことはありません。怪我の防止のために爪切りは必須ですが、苦手な猫ちゃんも多いようです。

シャー！
猫の爪切るのって大変じゃない？大暴れするし
友人→

うちの猫は大暴れはしないんだけど…
し――ん
いいじゃんお利口さん！

うーん…
お利口さんと言うよりは…
言うよりは？

ボー
放心状態
大丈夫？

答え

爪切りが苦手な猫は…

B 寝ている間などに隙を見て1〜2本ずつ切る

にゃんとす先生の解説

爪切りは無理のないペースで1〜2本ずつ

猫と生活する上で、爪切りは必ず行いましょう。爪が伸びていると飼い主さんや他の猫に怪我をさせるだけでなく、カーテンやキャットタワーなどに爪を引っかけ、爪が折れたり、脱臼や骨折をしたりするなど、危険な事故につながります。

爪切りの頻度は、猫の活動量や爪研ぎの頻度などによって差はありますが、だいたい2〜3週間に1回のペースが目安になるでしょう。とはいえ、あまり頻度は意識しなくても大丈夫。**おひざの上に乗ってきた時や抱っこした時などにこまめに確認して、「あ、爪が伸びているな」と感じたら切るようにするので十分です。**

爪を切る際は、血管や神経が通ったクイック（Quick）という部分を切らないように気をつけましょう。また、前足の狼爪（人間でいう親指）

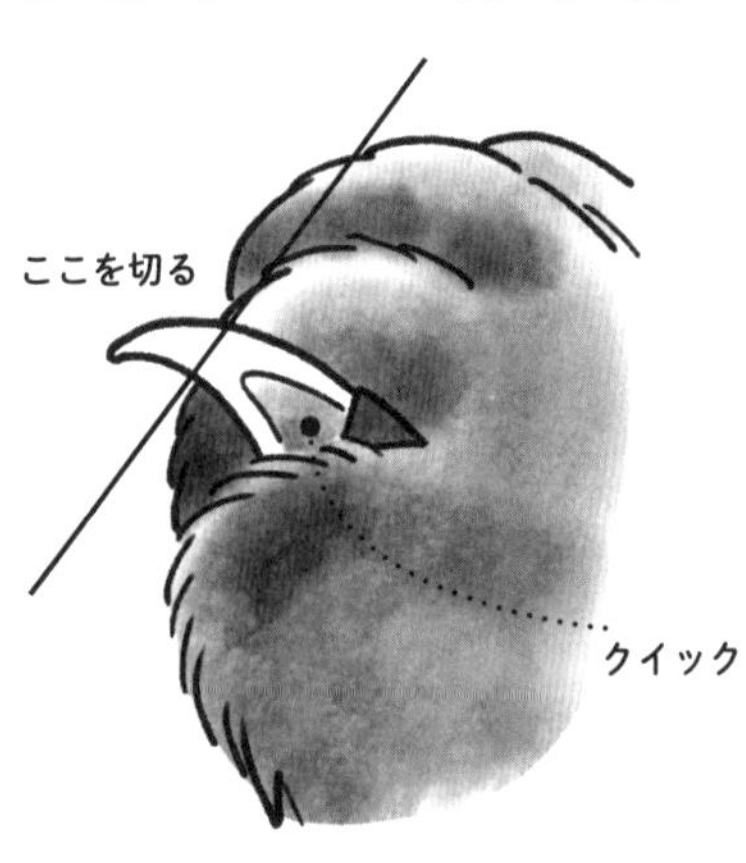

を見落としてしまうことが多いので、よく確認しましょう。高齢の猫ちゃんは巻爪になって肉球に刺さりやすいので、注意が必要です。

また、猫が爪切りを嫌がる場合は、一度に全部の爪を切ろうとしなくてもかまいません。**眠そうにしている時やおやつに意識が向いている間に、隙を見て1〜2本ずつ切るのでも十分です。**猫ちゃんのペースで無理のない範囲で行いましょう。

どうしても暴れて難しい場合は、動物病院でプロに任せるというのも1つの方法です。

にゃんとす先生のひとこと

ところで猫の肉球の数を知っていますか？　じつは前足と後ろ足で異なり、前足の肉球の数は、5つの指球と大きな掌球、少し離れた場所にある手根球の合計7つがあります。一方、後ろ足には4つの趾球と1つの足底球の5つがあります。猫は親指（狼爪）が前足にしかないため、肉球の数も異なるのです。

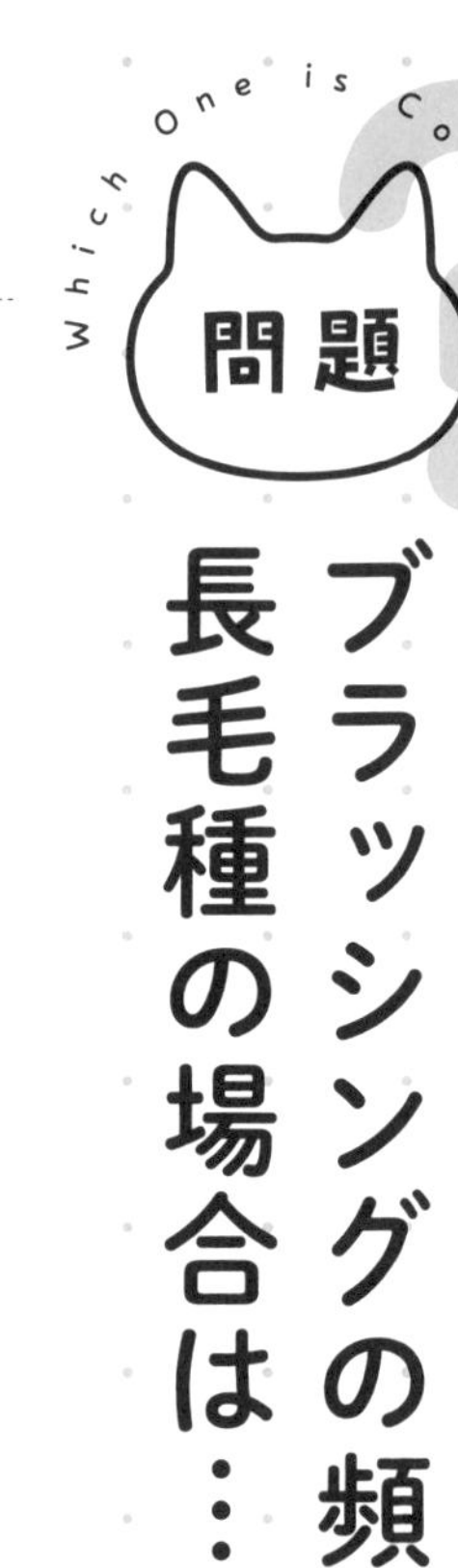

ブラッシングの頻度、長毛種の場合は…？

A 1週間に1〜2回

B 毎日

抜け毛を取り除き、毛玉を防止するためのブラッシングは猫のボディケアの基本。猫は自分でグルーミングして体をきれいにしますが、飼い主さんによるブラッシングも必要です。

毎日

長毛種の猫って美しい…
憧れるわ～

解説は次のページへ

短毛種は週1〜2回、長毛種は毎日ブラッシングを

猫は自分の体を舐めて毛づくろいをするきれい好きな動物ですが、飼い主さんによるブラッシングケアも欠かせません。ブラッシングの頻度は、短毛の猫の場合は週に1〜2回で十分ですが、春や秋の抜け毛の多い時期や長毛種の猫の場合は、毎日のブラッシングが必要です。

ブラッシングを怠ると、胃や腸に毛玉が溜まってしまうこともあるので注意しましょう。また、ブラッシングには血行を良くする効果があり、さらに、しこりなどの病気の早期発見にもつながりやすいので、習慣として続けていきましょう。

ブラシには様々な種類がありますが、我が家ではファーミネーター（P238）を愛用しています。短毛の猫の場合はラバータイプのブラシもおすすめです。長毛の猫の場合は、毛玉ができやすいので、コームなどを使って毛のもつれを取ることも必要になります。毛玉は耳の後ろやわき、しっぽの付け根など自分でグルーミングしづらい場所にできやすいので、念入りにチェックしましょう。

ブラッシングを嫌がる場合は、少しずつ慣れさせていきましょう。一度に長い時間やるのではなく、リラックスしている時やご機嫌な時にそっと行うと良いでしょう。それでも嫌がる場合はグローブタイプのラバーブラシや、手を湿らせて撫でるだけでも抜け毛を取ることができます。背中はブラシ、お尻周りは手など、場所ごとに使い分ける工夫も効果的です。

愛猫がブラッシングを気持ち良さそうにしている場合は、ぜひその時間をスキンシップとして楽しんでください。猫のアログルーミング（お互いにグルーミングし合うこと）は愛情表現でもありますので、ブラッシングを通じて愛猫に愛情を伝えることも大切です。

やり過ぎは嫌われてしまいますが、適度な頻度で愛情を込めてケアしてあげることで、愛猫との絆を深めましょう！

猫のシャンプーの頻度は？

Ⓐ 1～2か月に1回

Ⓑ 半年～1年に1回

Ⓒ 基本的にシャンプーは必要ない

犬はお風呂やお散歩が必要ですが、猫はどうでしょうか？　水に濡れるのが嫌いな猫ちゃんが多いですが、健康のためにシャンプーは必要なのでしょうか…？

答え

C 基本的にシャンプーは必要ない

猫にシャンプーは…

そういえば

今年はまだ一度も猫たちをシャンプーしてないな…

そろそろするべきだよね

でも室内飼いだし汚れてないしなぁ

にゃんとす先生の解説

猫にシャンプーは必要ない

猫には基本的にシャンプーは必要ありません。その理由は主に2つあります。

1つは、**お風呂自体がストレスになるからです。**ご存知の通り、多くの猫は水が苦手です。これは猫の祖先が砂漠に住むヤマネコだったからではないかと考えられています。ある研究によると、**お風呂に入れると猫のストレスの指標である血糖値や乳酸値が大幅に上昇することもわかっています。おとなしくじっとしている猫ちゃんの場合も、それは怖くて固まっているのかもしれません。**

2つ目の理由は、**猫は自分の体を清潔に保つことができるからです。猫はグルーミングに多くの時間を費やしていて、**猫の舌をよく観察してみると、細かいトゲトゲがたくさん生えていることがわかります。これがクシのような役割をしており、汚れや抜け毛を取り除くことができるのです。

ただし、皮膚疾患の治療などで獣医師の指導のもとお風呂やシャンプーが必要な場合や、うんちやお

しっこでひどく汚れてしまった場合は例外です。熱過ぎず人肌程度のお湯で、ドライヤーを嫌がる場合は無理をせず部屋を暖めて自然乾燥させると良いでしょう。

ちなみに、**犬と同様にお散歩が必要だと思う人もいるようですが、お散歩も不要です。理由は、猫は脱走するリスクが非常に高いためです。**猫は体がやわらかいので、首輪はもちろん、ハーネスでもスルッと抜け出てしまいます。

また、猫は基本的にのんびりと自分のテリトリーで過ごすことを好む動物です。特に室内で育った猫ちゃんにとってはおうちの中がテリトリーとなっているため、車の音や野良猫の臭いがする外の世界は楽しいものではないでしょう。

一方、ある期間まで外で育った猫ちゃんの場合、「外に出せ〜」と飼い主さんが困ってしまうほど催促されることがあります。その場合も、まずは外に出さずに済む方法を考慮すべきですが、最終手段として散歩に連れ出すことが解決策となる場合もあります。その際には、脱走に十分注意してダブルリードやベストタイプのハーネスを使う、野良猫や車通りの少ないコースを選ぶ、ワクチン接種（P186）やノミ・ダニ予防などの感染症対策を行うことなどが大切です。

多頭飼いの相性について、仲良しのサインはどっち？

A お互いにグルーミングし合っている

B 一方の猫だけが相手をグルーミングしている

猫は本来、群れを作らずに単独で行動することが多く、縄張り意識が高い動物です。多頭飼育の場合、ストレスになっていないか、猫ちゃん同士の相性をしっかりと見極める必要があります。

答え

A お互いにグルーミングし合っている

多頭飼いで仲良しのサインは…

毛づくろいし合ったり、くっついて寝るのは仲良しのサイン

多頭飼育で他の猫の存在がストレスの原因になってしまうと、膀胱炎をはじめとした病気、トイレの失敗や過剰なグルーミングなどの問題行動の原因になる場合があります。また、立場の強い猫ちゃんに負けて、自由にごはんを食べられなくなったり、寝床でくつろぎづらくなっていたり、幸福度がさがってしまっている場合も……。

立場の弱い猫の特徴として、次のような行動を取ることがあります。

- **他の猫に対峙した時に、耳を寝かせたり、しっぽを股の下にしまう（P104）**
- **他の猫と目を合わせない**
- **姿勢を低くして、シャーッと威嚇して、猫パンチをする（恐怖のサイン）**
- **物陰に隠れたり、他の猫から離れた場所で生活をすることが多い**

一方、立場の強い猫は堂々としていて、自分から積極的に他の猫にちょっかいを出したり、一方的に追いかけたりします。ごはんやトイレ、寝床に近づこうとする他の猫を追い払うような行動を取ることもあります。

立場の弱い猫ちゃんを守るためには、仲良くさせようとして無理に近づけてはいけません。また、立場の弱い猫が怖がって威嚇したり、猫パンチしたりするのを叱るのも良くありません。**食事場やトイレ、寝床は少なくとも頭数プラス1個用意し、それぞれ離して設置するようにしてあげましょう。隠れ家などのパーソナルスペースを多めに与えてあげるのもストレス緩和に効果的でしょう。**

明らかな喧嘩がなくとも、猫同士の間に上下関係があり、立場の弱い猫ちゃんが我慢して生活していることもあります。例えば、**一方の猫だけが体を舐める場合は、文字通り舐められている猫が立場の弱い猫だと考えられています。両方が互いに舐め合っている場合（アログルーミング）は仲良しのサインです。**

また、一緒の寝床で寝ていても、少し距離がある場合はあまり仲良くないけれどお気に入りの場所を我慢して共有している可能性もあります（もちろんくっついて寝ている場合は仲良しのサインです）。

すべての猫ちゃんが快適に過ごせるような環境を提供してあげることが飼い主さんの役目です。愛猫の様子をよく観察して、相性をきちんと把握し、適切な対応を取りましょう。

猫の気持ちと謎行動の「どっちが正しい？」

猫がしっぽを立てる時や
頭突きしてくる時…
あなたは愛猫の気持ちが
正しくわかりますか？
うんちの前後に
ダッシュしたり、
お風呂に
ストーキングしてきたり、
ちょっと不思議な
行動の理由も、
にゃんとす先生が答えます！

猫に好かれるために気をつけること。正しいのはどっち？

Ⓐ 飼い主主導のコミュニケーションを心がける

Ⓑ 猫主導のコミュニケーションを心がける

愛猫が可愛くて仲良くなりたいと思う気持ちが強いほどかまいたくなるもの。しかし、たとえ飼い主さんのことが大好きな猫ちゃんでも、触られたくないと感じていることがあるかも…!?

B 猫主導のコミュニケーションを心がける

猫に好かれるためには…

飼い主が主導権を握らないと犬は言うこと聞かないんだ

へぇなるほど

私も主導権握らなきゃいけないかな

おこめ、しらす！私の言うこと少しは聞きなさいよ！

あれ？なにこの空気…

しらーーー

あの、その…ごめんね？

プイッ

猫こそが我が家の最大権力者

にゃんとす先生の解説

猫のペースを尊重し、猫主導のコミュニケーションを取ろう

猫に好かれるのはどんな人でしょうか？

猫と過ごす時間は、飼い主さんにとっても猫にとっても大切なものです。しかし、猫は自分のペースを大切にするので、飼い主さんがかまい過ぎたり、強引に撫でたりすることがストレスになることもあります。

例えば、２０２０年の新型コロナウイルスによる自宅待機期間中は猫のストレス性の膀胱炎（特発性膀胱炎、Ｐ１８２）が増加したという報告もありました。

愛猫との良い関わり方を考えるために、イギリスの研究チームが作成した「ＣＡＴガイドライン」という指針をご紹介します。これはChoice and control・Attention・Touchの頭文字Ｃ・Ａ・Ｔを取ったもので、実際にこのガイドラインを取り入れることで、猫の行動が良い方向に変化したという実験結果もあります。ＣＡＴガイドラインを意識し、猫主導のコミュニケーションを心がけてみてください。

● Choice and control（選択と主導権を与える）

猫と過ごす時には、猫が自分から接触を求めるのを待ちましょう。手を差し出して猫が自分で擦り寄ってくるかどうかを見て、猫が触れたいと示すのを待ちましょう。猫が近づいてこない時は、触られたくないのかもしれません。また、食事中や寝ている時、隠れている時なども、猫にとって触られるのが嫌な場合もあります。

●Attention（ボディランゲージや意思表示に注意を払う）

猫が嫌がっているサインは、耳を後ろに向けたり、しっぽをパタパタ叩いたり、のどを鳴らさずにじっとしていたりすることです。逆に、しっぽをピーンと伸ばして足元にスリスリしてきたり、ゴロゴロのどを鳴らしながら前足でちょいちょいする時は「撫でてよ」というサインです。（ボディランゲージ…P94〜107）

●Touch（触る場所や時間に気をつける）

猫の好きな場所を撫で、嫌がる場所には触れないようにしましょう（P92）。また猫が好きな場所でも、長時間撫でると突然噛まれることがあります。そんな時は、「3秒ルール」を守りましょう。3秒間撫でて、猫がもっと撫でてほしいとスリスリしてくるかどうかを見て、猫の満足度を判断しましょう。

猫が頭突きしてくる！その気持ちは？

Ⓐ「邪魔だ、どけ～」

Ⓑ「大好き～！」

飼い主の体や手足におでこをしつこく押し付けてきたり、勢いよくぶつかってきたり…。猫がごちーんっと頭突き攻撃をしてくる時、どんな気持ちなんでしょうか？

頭突きしてくる猫の気持ちは…

B「大好き〜！」

あれ
どうしたの
おこめ

ゴッツン

にゃんとす先生の解説

猫の頭突きはマーキングや甘えたいサイン

猫が頭突きをしてくるのは、ヘッドバンティング（Head Bunting）と呼ばれる行動で、飼い主さんに対する愛情と信頼のサインと考えられています。

猫は顔から分泌されるフェロモンをこすりつけることでコミュニケーションを取ったり、マーキングをしたりします。飼い主に対して頭突きをするのは、きっと飼い主さんを家族の一員として受け入れていて、「これは自分のものだよ」とマーキングしているのかもしれません。

また、猫の頭突きは飼い主さんに「甘えたい」「かまってほしい」という意思表示でもあります。猫は大人になる前に親離れをしますが、現代の猫ちゃんは飼い主という母猫とずっと一緒に暮らすためか、子猫の特徴を持ったまま大人になっていると考えられています。子猫は母猫に頭突きをしたり、顔をこすりつけたりすることで母猫の注意をこちらに向けようとしますから、飼い主に対しても同じように「甘えたい」「かまってほしい」と頭突きをするのでしょう。

いずれにせよ、猫の〝ヘドバン〟は「飼い主さんのことが大好きでたまらない！」

というサインであることにまちがいありません。これに応えてあげるためには、猫ちゃんの頭・ほっぺた・あごなどのフェロモンを分泌する部位を優しく撫で返してあげるといいですよ〜。

ただし、**猫が飼い主さんではなく、部屋の壁や家具に頭をずっと押し付けるような行動をしている場合は、危険な病気のサインです。**一見可愛らしく見えるかもしれませんが、**これはヘッドプレッシング（Head Pressing）といって、脳などの神経系に異常がある時や、肝臓や腎臓の機能低下によって体内に毒素が溜まっている時に見られる症状です。**すぐに動物病院を受診する必要があるので、覚えておいてください。

にゃんとす先生のひとこと

親しい猫に対しても頭突きをしますが、多頭飼いで仲が良くない場合は、いくつかのステップに分けて少しずつ慣れさせてあげましょう。まずは別室で隔離して毛布や爪研ぎなどのにおいをお互いに嗅がせます。対面させる時はガラスや柵越しに、徐々に時間を延ばしていき、最終的に直接対面を目指しましょう。

猫が撫でられるのが好きな場所はどこ？

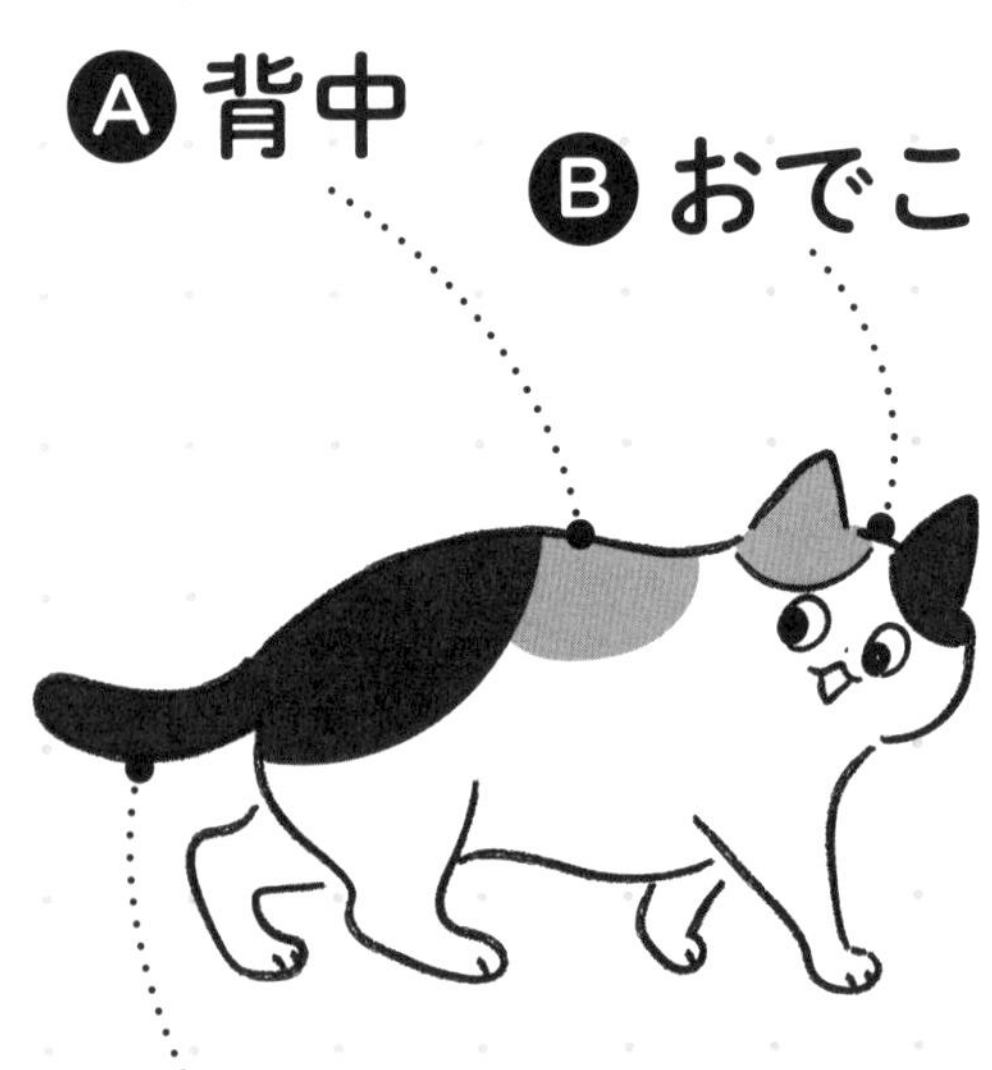

撫でられる場所の好みは猫によって変わりますが、一般的に好きな場所の傾向があります。穏やかな猫ちゃんは嫌だけど我慢していることもあるので、耳やしっぽの動きも観察し、気持ちを汲み取ってあげましょう！

答え

B おでこ

猫が撫でられるのが好きな場所は…

にゃんとす先生の解説

おでこやあご周りを撫でられるのが好き

猫は一般的に頬やおでこ、あごなどのフェロモンを分泌する部位を撫でられると喜びます。というのも、猫同士のコミュニケーションの際にはこれらの部位をこすりつけたり、触れ合ったりすることでお互いの親睦を深めます。飼い主さんに撫でられて気持ち良さそうにするのも、コミュニケーションが取れて喜んでいるのでしょう。

しっぽの付け根もフェロモンが分泌される場所で、トントンするとお尻をあげて喜ぶのも似たような理由からではないかと考えられます。しかし、しっぽの付け根は好みが分かれやすく、「最高や！　もっと撫でろ〜」とどんどんお尻を高くあげる猫ちゃんもいれば、「おい、そこは触るとこじゃねーだろ（ガブッ）」と嫌がる猫もいます。

2002年に行われた研究によると、**側頭部やおでこは9割以上の猫が好む一方で、あご周りは5割、しっぽの付け根は3割程度と好みが分かれたそうです。背中や前足・後ろ足、しっぽなど、フェロモンを分泌する部位以外の場所については正確なデータはありませんが、やはり好みが分かれる印象です。**

お腹も嫌がる猫ちゃんは多いですが、お腹をごろーんと見せてくることもあります。これは、「こんなに無防備になるくらいあなたのことを信頼してるよ」もしくは「へ

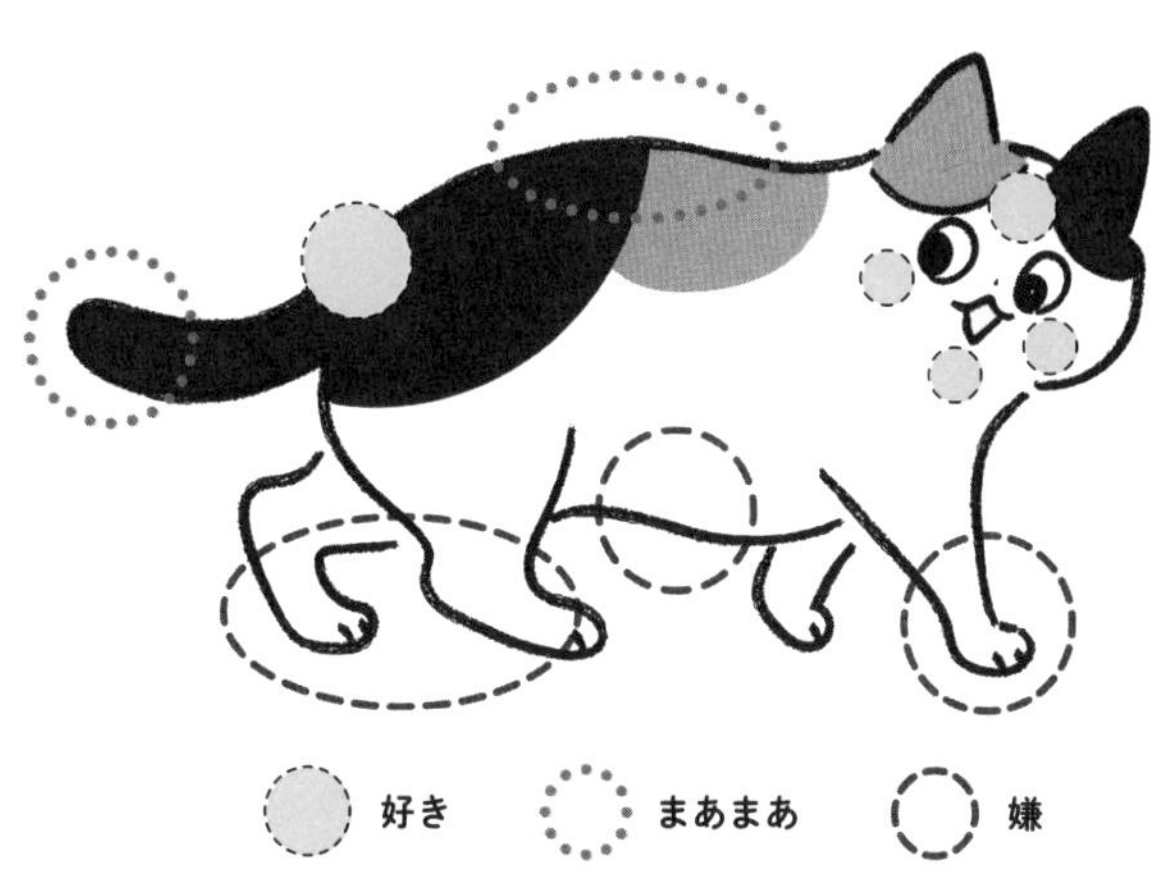

い、飼い主！　一緒に遊ぼうぜ！」のことが多いです。そのため、前者の場合は「えっ…信じていたのに…触るな！」と噛まれますし、後者はプロレスごっこに巻き込まれてどちらにせよ噛まれます（笑）。

猫が嫌がるサインは、必ずしも噛み付いたりパンチしたりするだけではなく、のどを鳴らさずにじっとしていたり、すぐに毛づくろいを始めたりする場合も嫌がっている可能性があります。

ちなみに、嫌な時に見せるネガティブな行動は、知らない他人よりも飼い主に撫でられた時に多く見られるそうです。信頼している飼い主には遠慮なく「嫌だ！」と伝えられるのかもしれませんね（笑）。

猫の〝ゴロゴロ音〟の意味は？

Ⓐ「もっと撫でて～」

Ⓑ「お腹すいたよ～」

猫が「ゴロゴロ」とのどを鳴らす音は、気持ち良さそうなイメージで聞くだけで癒やされますが、じつはこの音に隠された猫の気持ちは１つではありません。

答え

Ⓐと Ⓑどっちも正解

猫の〝ゴロゴロ音〟の意味は…

にゃんとす先生の解説

もっと甘えたい気持ちを伝える、幸せのゴロゴロ音

猫好きなら誰もが心地良く感じる、ゴロゴロ音。もともと、のどのゴロゴロ音は子猫が母猫からミルクをもらっている時に発する音で、「もっと甘えたいな」とか「満足だよ」という意味合いで使うものです。そのため、飼い主さんに対しても同様に「もっと撫でてよ〜」とか「いっぱい撫でてもらって嬉しいな〜」という気持ちを表現していると考えられています。この時のゴロゴロ音は比較的低音で、〝幸せのゴロゴロ音〟と呼ばれたりもします。

なんとも言えないやわらかい音ですが、実際に2019年の筑波大学の研究で、猫のゴロゴロ音（特に低音のもの）にリラックス効果があることがわかりました。

この実験は、店舗BGMに最適なリラックスできる音源を探す目的で行われており、実験参加者に録音したゴロゴロ音を聞かせたところ、ストレス負荷後の心拍数が低下し、ストレス状態が緩和されたそうです。近い将来、猫のゴロゴロ音を聞きながら買い物をする日がやってくるかもしれません（笑）。

一方で、**猫はお腹がすいてごはんを要求する時にもゴロゴロとのどを鳴らします。**

面白いことに、この〝空腹のゴロゴロ音〟は幸せのゴロゴロ音とは違って、人間に対する癒やし効果は薄いようです。というのも、空腹のゴロゴロ音には人間の赤ちゃんの泣き声に似た高周波数の音が混ざっており、人間にとっては急かされているような印象を受けやすいということが実験で明らかになっています。

たしかに、我が家のにゃんちゃんも朝方お腹がすいて起こしてくる時のゴロゴロ音は、ひざの上で撫でられている時よりも高音に聞こえます。

このように猫のゴロゴロ音は、満足感や幸福感、人間へのおねだりなど、基本的にはポジティブな感情表現の1つですが、病気の時や強いストレスや痛みがある時にものどをゴロゴロ鳴らす場合があります。

これには飼い主に助けを求めたり、自分自身を落ち着かせたりする意味があるようです。そしてこの話をするたびに、入院ケージでひとりゴロゴロのどを鳴らしていた末期のリンパ腫の猫ちゃんを思い出します。今、私は臨床の現場を離れて研究をしていますが、この悲しいゴロゴロ音を少しでも減らすことができればと、日々ピペットを握りながら細胞とにらめっこしています。

耳を少し後ろに引く〝イカ耳〟の気持ちは？

A 「これ以上触るな〜！」

B 「獲物を見つけたぜ！」

猫は自由自在に耳を動かすことができ、音を聞くだけでなく感情表現にも役立っています。愛猫の気持ちを理解してあげるために、よく観察してみてください！

A 「これ以上触るな〜！」

〝イカ耳〟の猫の気持ちは…

にゃんとす先生の解説

猫の耳の気持ち3選

猫の耳の周りには筋肉が発達しており、自由自在に動かすことができます。この特徴を活かして、猫は音の出処を正確に把握し、獲物の場所を予測したり、危険を回避したりできますが、耳の動きは感情表現にも関与しています。

①**耳がまっすぐ立っている**……普段の平常心の時は、耳はまっすぐ立っています。

②**耳に力が入り、少し後ろに引かれる**……いわゆる〃イカ耳〃のポーズは、少しイライラしている時。もし猫を撫でている途中でイカ耳をした場合は、「もうこれ以上撫でるとガブッといくぜ」の合図でしょう（笑）。

③**耳を伏せる**……恐怖を感じている時には、猫は耳を伏せます。特に強い恐怖を感じた場合には、耳をピッタリ伏せることがあります。このような耳は、例えば苦手な音を聞いたり、上位の同居猫と対峙したりする際に見られることがあります。また、猫が痛みを感じていたり、体調が良くなかったりする場合にも、耳をさげるこ

とがありますので注意しましょう。

ちなみに、猫の耳には「ヘンリーズ・ポケット（Henry’s Pocket）」と呼ばれるくぼみがあることをご存知でしょうか？　このヘンリーズ・ポケットの役割は明確にはわかっていませんが、一説によれば、耳の動きをより柔軟にするための構造ではないかと考えられているそうですよ。

ヘンリーズ・ポケット

①耳がまっすぐ立っている
➜ 平常心

②耳に力が入り、少し後ろに引かれる
➜ イライラ

③耳を伏せる
➜ 恐怖

猫が喜んでいる時のしっぽの動きはどれ？

Ⓐ しっぽをさげて股の下にしまう

Ⓑ しっぽの毛をぼわっと膨らませる

Ⓒ しっぽを小刻みにブルブルッと震えさせる

猫は感情をボディランゲージで表現します。特にしっぽや耳は感情表現に役立っていて、仕草や動きから猫ちゃんの気持ちを読み取ることができますよ。

「しっぽを振る」って慣用句あるけど

猫も嬉しい時しっぽ振るの？

答え

猫が喜んでいる時のしっぽの動きは…

Ⓒ しっぽを小刻みにブルブルッと震えさせる

にゃんとす先生の解説

猫のしっぽの気持ち7選

猫の気持ちは、しっぽの動きや仕草（P106〜107）から読み取ることができます。猫ちゃんとの良いコミュニケーションのために、ぜひ覚えておきましょう！

①**しっぽをピーンと真上に立てる**……もともと子猫が母猫に近づく時に見せる行動で、愛情表現の1つ。仕事から帰ってきた時にしっぽをピーンと立ててお迎えにきてくれるのは、「待ってたよ！　おかえり!!」という感じなのでしょう。

②**しっぽを巻きつける**……飼い主さんや他の猫にしっぽを巻きつけるのは、リラックスや愛情を示そうとしていると考えられます。人間がハグをしたり、握手をしたりするのに近いイメージです。

③**しっぽを小刻みにブルブルッと震えさせる**……しっぽをピンと立ててブルブルッと小刻みに震えさせている時は、興奮や喜びのサインだと考えられています。特にごはんをあげる時などによく見られます。

④しっぽをゆっくりパタッと動かす……機嫌が良くてリラックスしている時は、ゆったりとしっぽを振ります。名前を呼ばれた時にパタッと動かすのは、「ちゃんと聞こえてますよ、ただ少し面倒なだけ」というふうにいかにも猫っぽい返事の仕方です。

⑤しっぽの毛をぼわっと膨らませる……毛をぼわっと膨らませてしっぽが太くなるのは、緊張や怖がっているサイン。攻撃や怒りのサインだと考える方も多いですが、ビビりながらも毛を逆立てて、自分を少しでも大きく見せようとしています。

⑥しっぽをさげる、股の下にしまう……しっぽがさがっているのは、怯えたり、不安になったり、怖がったり、防衛的になっていることが多いです。しっぽを股の下にしまうのは、緊張や服従、恐怖のサインです。

⑦しっぽをバタバタ激しく振る……しっぽを左右に激しく振ったり、猫が横になっている時に床に叩きつけるようにしっぽを振るのは、不機嫌な状態です。撫でている途中でしっぽをバタバタと動かし始めたら、「やめて」のサインでしょう。

しっぽの気持ち

しっぽをピーンと真上に立てる
愛情表現、ご機嫌

しっぽを巻きつける
リラックス、愛情表現

しっぽを小刻みにブルブルッと震えさせる
興奮、喜び

しっぽをゆっくりパタッと動かす
ご機嫌、リラックス

しっぽの先がクエスチョンマークのように曲がっている場合も、「撫でてよ〜」のサインだと考えられています。

しっぽをさげる、股の下にしまう
緊張、恐怖

しっぽの毛をぼわっと膨らませる
緊張、恐怖

しっぽをバタバタ激しく振る
不機嫌

口を開けて鳴く仕草をするのに声が出ていない"サイレントニャー"の意味は？

A 飼い主さんに要求がある

B 獲物を狙っている

猫の鳴き声は多岐にわたり、一説によると20種類以上あるといわれています。とても可愛いサイレントニャーの時の猫の気持ちは？

答え

A 飼い主さんに要求がある

猫の〝サイレントニャー〟の意味は…

にゃんとす先生の解説

飼い主に向かって鳴くのは、何か要求したいことがある

猫の鳴き声を文章で説明するのは難しいですが、いくつか簡単に紹介しましょう。実際の鳴き声を聞けるサイト※もありますので、ぜひアクセスしてみてください。

①**ニャーと口を開けて鳴く**……猫が口を開けて飼い主に向かってニャーとかミャーオと鳴くのは、要求や注意を引く意味が強いです。これは子猫が母猫の注意を引くために使う鳴き声で、本来は大人になると他の猫にはほとんど鳴きません。においやボディランゲージを理解できない飼い主に対して、子猫の時の〝ワザ〟を使ってコミュニケーションを取ろうとしているのでしょう。

②**サイレントニャー**……ニャーと口を開ける仕草だけで声が出ていないこともあります。これは通称「サイレントニャー」と呼ばれますが、基本的には普通のニャーと同じ意味合いを持っています。人間の聴力よりも高い周波数で鳴いているため、聞こえないだけという説もあります。

※CAT SOUNDS EXPLAINED　http://meowsic.se/catvoc.html

③**トリル（Trill）**……鳩のようなプルルルッとか、クルルルッという声は「トリル」と呼ばれます。テンションが高まっている時や甘えながらの要求、挨拶の時に出る声です。我が家のにゃんちゃんは、おもちゃやおやつを見せるとクルルルッと鳴きます。

④**クラッキング**……猫が窓の外の鳥や虫を見てキャキャキャキャ…と鳴くのは「クラッキング」と呼ばれる鳴き声です。これは獲物の鳴き声を真似て、おびき寄せて襲うという狩猟本能によるものです。研究者がアマゾンでマーゲイというネコ科動物を観察していた時、猿の赤ちゃんの鳴きマネをしておびき寄せる行動を偶然発見したことから、この説が有力とされています。また、おもちゃで遊んでいる最中にもキャキャキャキャ…と鳴く猫ちゃんもいます。

他にも恐怖を感じた時のシャーッとかフーッ、発情の時のンニャーーーーーォなどの鳴き声がありますが、基本的に猫が飼い主さんに向けて鳴く時は「お腹がすいた」「トイレをきれいにしろ」などなど何かしら要求していることが多いですよ。

うちの猫、人間の言葉を理解しているみたいなんだけど…？

A 自分の名前や「ごはん」などの単語を理解している

B 日常会話を理解しているけど、わからないフリをしている

自分の名前や「ごはん」「おやつ」といった言葉に反応して、返事をしたりテンションがあがる…。そんな猫ちゃんもいますが、実際、猫は人間の言葉を理解しているのでしょうか？

答え

A 自分の名前や「ごはん」などの単語を理解している

猫は人間の言葉について…

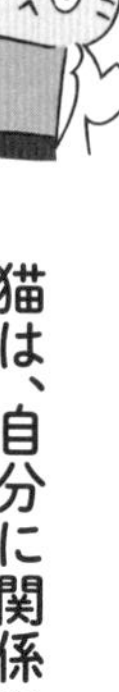

猫は、自分に関係のある簡単な単語を理解している

猫と一緒に生活をしていると、「絶対人間の言葉を理解しているだろ…」と思った経験はありますよね。実際のところ、猫はどの程度、人間の言葉を理解しているのでしょうか？

この分野は、日本の齋藤慈子先生、高木佐保先生らのグループがいくつも興味深い結果を報告されています。例えば2019年の論文では、約70匹の猫で実験を行い、猫は自分の名前をちゃんと理解していることが報告されています。

ウェブ上にアップロードされた実験風景の動画では「ネギボーイ」ちゃんという猫（独特な名前！）に、「サクランボ」「アルバイト」「コカコーラ」「バイオリン」「ネギボーイ」の順で声をかけました。すると、**最初の4つのワードではだんだん反応が薄くなっていったのに対して、自分の名前である「ネギボーイ」の時だけパッと振り返り、立ち上がりました。**

また、2022年に発表された論文では、猫は同居猫の名前も理解していることが実験で証明されました。猫をモニターの前に座らせ、同居する猫の名前を聞かせた後にその同居猫の写真と、まったく関係のない猫の写真をそれぞれ見せ、モニターを見た時間を測定するという手法です。

この手法は、これから起こるだろうと思っていることとは違うことが起こるとその出来事を長く見てしまうという習性（期待違反）を利用したものです。予想通り、聞いた名前と関係のない猫のモニターを長く見るという結果が得られたそうです。

このような実験から、**猫は自分に関係のあるような簡単な単語であれば理解しているのでしょう。「ごはん」や「おやつ」に反応して、テンションがあがる猫ちゃんがいるのも納得ですね。**

にゃんとす先生のひとこと

猫に関する興味深い研究をもう1つ。44匹の猫ちゃんを対象に「利き手はあるのか？」を3か月間観察したところ、約60～70％の猫ちゃんに利き手があることがわかりました。さらに詳しく調べると、オスは左利き、メスは右利きが多いことがわかりました。残りの30～40％の猫は利き手のない両利きだったそうです。

猫がお風呂やトイレにストーカーしてくるのはなぜ？

Ⓐ パトロールをしている

Ⓑ お風呂やトイレの水を飲みたい

Ⓒ 飼い主さんと離れたくない

お風呂やトイレに行くと猫が様子を見についてきたり、ドアの外で待っていたり…という経験はありませんか？　とても可愛い行為ですが、「うちの子はシャンプーは苦手なのに」と疑問に感じるかもしれません。

A B C 全部正解

猫がお風呂やトイレにストーカーしてくる理由は…

トイレの中って
自分だけの空間って感じでいいよね

にゃんとす先生の解説

猫のストーカー行為の3つの意味

猫がお風呂やトイレについてくるという話をよく聞きます。我が家のにゃんちゃんも、私がお風呂やトイレに入るとドアの前でニャーニャー鳴くので、仕方なく中に入れてあげることがよくあります。一体どのような気持ちでストーカーしてくるのか、本当の正解は猫にしかわかりませんが、猫の習性を踏まえて考察してみましょう。

猫はテリトリーや縄張りを大切にする動物で、彼らにとって自分が過ごしているおうちの中は、自分のテリトリーです。もちろん、お風呂やトイレもテリトリーの一部なのですが、リビングなどに比べて自由に行き来できないことが多いでしょう。猫にとってお風呂やトイレは、自分のテリトリーの中にある「ちょっとよくわからない場所」という認識なのではないかなと想像しています。

猫にはテリトリーをチェックしておきたいという欲求があるといわれているので、パトロールの一環としてお風呂やトイレをしっかり見回りしておきたいのかもしれません。もしかすると「隠れてごはんを食べたり、他の猫と仲良くしたりしていないか？」とか「自分をテリトリーから締め出すなんて、にゃにごとだ！」なんて考えているのかもしれません。

また、**猫には「自分で見つけた水を飲みたい」という欲求もあるようです。先祖のリビアヤマネコは砂漠で暮らしていたので、湧き水（お風呂やトイレの水）を発見した時の喜びは大きく、それが本能として残っているのかもしれませんね。**もしくは単に器に入った水よりも流れている水を好んでいるだけの可能性もあります。いずれにせよ、お風呂やトイレのお水を飲みたくて、ついてくる猫ちゃんも多いでしょう。


一方で、最近では分離不安症（P46）の猫ちゃんが増えています。特に日中お留守番の時間の長い猫ちゃんは、もっと飼い主さんと一緒に遊んだり、甘えたりしたいのでしょう。**お風呂やトイレの短い時間でも「飼い主さんと離れたくない…」という心理が働いているのかもしれません。お風呂やトイレの前で極端に鳴いたりする場合は、その可能性が高そうです。**

お留守番中の猫ちゃんのストレスを少しでも和らげるためには、知育トイや、飼い主さんのにおいがついた服や毛布を置いておくなどの対策が有効です。ぜひ試してみてください。

猫はなぜこんなに段ボール箱が好きなの？

Ⓐ においが好きだから

Ⓑ 狭くて安心できるから

せっかくお高い猫ベッドを購入したのに、ベッドが入っていた箱のほうを気に入ってしまう…猫飼いさんには〝あるある〟ではないでしょうか？　猫はどうしてこんなに段ボールが好きなのでしょうか!?

B 狭くて安心できるから

猫が段ボール箱を好きな理由は…

しらす!?
いつの間に
段ボールに!

よんだ?

みかん

にゃんとす先生の解説

段ボール箱好きは、狭くて暗い場所を好む猫の本能！

猫が段ボール箱を好む1つ目の理由は、「安心感があるから」です。猫は狭くて暗い場所が好きですよね。これは猫の祖先が主に樹洞や岩穴で休んでいたことの名残りだと考えられています。そのため、狭くて暗い段ボール箱の中は猫にとって本能的にくつろげる場所なのでしょう。

ある研究によると、**動物病院に入院した猫に段ボール箱を与えると、多くの時間をその中で過ごし、心拍や呼吸が落ち着き、ストレススコアが有意に低下することが報告されています。また、保護施設でも箱を与えられた猫のほうが箱を与えられなかった猫に比べて、保護施設の環境に適応するのが早かったことが報告されています。**

猫が段ボール箱を好むもう1つの理由として、「段ボールの素材が好き」という可能性もあるでしょう。猫にとっては肌触りが良いと感じるのかもしれません。また、段ボールは断熱性が高いため、暖かい場所が好きな猫にとってはきっと居心地が良いのでしょう。

このような猫の特性を考えると、猫ベッドを選ぶ際は、布製のものよりも段ボール

製のものを選ぶのが無難でしょう。爪研ぎと兼用できるものも便利ですね。さらに隠れ家としても使用できるような形状のほうが気に入りやすく、ストレス軽減にもなるのでおすすめです。

ところで、少し前に「猫の転送装置」がＳＮＳで話題になりました。これは床にテープやひもで描いた円や四角にさえ、ホイホイと入ってしまうというもので、猫は平面の〝箱〟にさえ一度は入ってみようとするようです。猫の箱好きが本能として備わっていることを示す現象でしょう。

さらに、別のある研究によると床面に錯覚でできた四角（下図）にも猫はホイホイされてしまうこともわかっています。猫の箱好きは異常ですね……（笑）。

Which One is Correct?

問題

飼い主が食事を始めるとうんちをするのはなぜ？

A うんちをすぐに片付けてほしいから

B 不満があって嫌がらせをしている

「いただきま〜す」と人間が食事を始めると、決まって猫がうんちやおしっこをする…。リビングやダイニングにトイレを置いていると、ちょっと困ってしまいますが、そんな行動を取る理由は？

Ⓐ うんちをすぐに片付けてほしいから

飼い主が食事を始めるとうんちをする理由は…

わ
ちょっと
痩せた！
今日は
ご褒美デー
にしよ！

さぁ
美味しいもの
食べるぞ～
…ん？
臭うな？

なんか
食欲なく
なってきた…
これこそ新しい
ダイエット法かも

にゃんとす先生の解説

食事のタイミングでうんちをするのは、パターン化されているから

「さて、ごはんにしよう」というタイミングで嫌がらせのように愛猫がうんちやおしっこをする…。これもまた、猫の飼い主さんの〝あるある〟なのではないでしょうか？

この理由についてはわかっているわけではありませんが、**猫の排泄行動は何らかの事象と関連付けられ、パターン化されることが多いので、飼い主がごはんを食べている時にトイレをすれば、すぐに片付けてくれると覚えているのかもしれませんね。**

これは、「パブロフの犬の条件反射」をイメージしてもらうとわかりやすいかもしれません。パブロフの犬の条件反射とは、犬にベルの音を聞かせながらごはん（報酬）を与えることをくり返すと、ごはんを与えなくてもベルの音を鳴らすだけで犬がヨダレをたらすようになるというものですが、

- **ベルの音＝食事のにおい・食器の音・飼い主の何らかの行動**
- **ごはん（報酬）＝すぐにトイレを片付けてくれること**

●ヨダレをたらす＝排泄行動

という感じでしょうか。

専門的な言葉で「レスポンデント行動」といいますが、これはあくまで仮説で、真相は猫にしかわかりません。

パターン化された排泄行動をやめさせるのは難しいですし、無理にやめさせるのはかわいそうかなと思います。どうしても気になる場合は、猫トイレを食卓から離すことで対応しましょう。

にゃんとす先生のひとこと

話題は変わりますが、皆さんは愛猫の血液型について考えたことはありますか？　なんと猫は80〜90％がA型で、10〜20％がB型、ごくまれにAB型がいます。この血液型の極端なかたよりが治療の難しさにつながることがあり、病気や手術で輸血が必要になった際、B型の猫ちゃんの場合はドナーがなかなか見つかりません。血液型は動物病院で調べてもらえますが、献血ドナー（供血猫といいます）の登録を募っている動物病院もありますのでぜひご協力いただけたらと思います。

猫がトイレの前後にダッシュするのはなぜ?

A 喜びを爆発させている

B 天敵から逃げるため

C 正確な理由は不明

猫がトイレの前後に、興奮してダッシュで走り回る行動は「トイレハイ」「うんちハイ」などと呼ばれます。なぜ突然ハイテンションになるのか、トイレハイの理由はいかに!?

答え

C 正確な理由は不明

猫がトイレの前後にダッシュする理由は…

ダダダダダダ

にゃんとす先生の解説

「ストレスを発散させている説」や「天敵から逃げるため説」があるが…

「猫がうんちやおしっこの前後にスイッチが入ったように突然走り回る…」というのは誰もがうなずく猫飼いあるあるではないでしょうか。

「トイレハイ」や「うんちハイ」と呼ばれる現象ですが、なぜ猫がトイレの前後にハイテンションになるのか、その理由はじつはよくわかっていません。トイレハイは、数ある猫の謎行動の中でも最大のナゾの1つなのです。

そもそも「動物がリラックスした状態から爆発的に走り回る現象」は、欧米ではズーミー（Zoomies）と呼ばれ、猫だけでなく、犬やウサギ、野生動物でも広く観察される、正常な行動です。

「ありあまったエネルギーを爆発させている説」や「ストレスを発散している説」などが提唱されていますが、基本的に喜びや興奮、楽しさといった感情表現の1つだと考えられています。私たち人間に置き換えると、突然踊ったり歌ったり叫びたくなるような感じでしょうか…（笑）。

そのような習性を考えると、猫のトイレハイもおそらくズーミーの一種といえるでしょう。「すっきりしたぜ！　ひゃっほー！」という排泄後の爽快感の表れだったり、「きたきたー!!　そろそろブツが出るぜ〜〜〜！」みたいな感じなのかもしれません（笑）。他にも「天敵からすぐ逃げるため」や「臭いから逃げるため」といった説もあるようですが、真偽のほどは不明です。

ちなみに、トイレハイが起こるのはおしっこよりもうんちの前後（特にうんちの後）が多いようです。SNS上でアンケートを取ったところ、おしっこの前後と答えた飼い主さんが約15％だったのに対して、うんちの前が約20％、うんちの後が約65％でした。我が家のにゃんちゃんはおしっこ、うんち関係なくテンションブチあげですが、言われてみればうんちの後が一番ハイテンションかもしれません。

このようにトイレハイは正常な行動なので、叱ったりやめさせようとしたりせずに、優しく見守ってあげてください。ただし、重度の便秘で不快感が強い場合や肛門嚢の詰まりや炎症がある場合も考えられるので、いつもと様子が異なるなど気になることがあれば動物病院に相談するようにしましょう。

トイレの時、縁に足をかけて踏ん張っているみたい…。この行動の理由は？

Ⓐ うんちやおしっこが出づらい

Ⓑ トイレが気に入らない

猫がトイレの縁に前足をかけたり、すべての足を縁に乗せて砂に触れないような姿勢でうんちやおしっこをすることはありませんか？　この行為には、猫のある気持ちが隠れています。

B トイレが気に入らない

トイレの縁に足をかける理由は…

にゃんとす先生の解説

トイレ環境の不満サインを読み取ろう

ＳＮＳで、「猫がトイレをする時、縁に足をかけて踏ん張っている様子が可愛い」というような投稿を見かけます。しかし、縁に足をかけてうんちやおしっこをするのは踏ん張っているわけではありません。**じつはトイレや猫砂に不満がある可能性があります。特にトイレが狭いか、猫砂の感触に不満があって肉球に触れないようにしている場合が多いです。**

過去の複数の研究によると、**猫は少なくとも横幅50センチ以上の広くて大きいトイレを好むことがわかっています。**しかし、市販されているトイレはこれを満たしていない小さなトイレが多いので、大きさを意識して探してみてください（Ｐ２３５）。

猫砂選びに迷った場合は、やはり「鉱物系」を選ぶのが良いでしょう。また、猫砂の種類ではなく、量が足りなくて不満を感じている場合もあります。トイレの底が見えているのは少な過ぎで、５センチぐらいの深さ（「人さし指の第２関節まで」を目安にすると便利です）まではしっかりと砂を入れておきましょう。

猫がトイレや猫砂に不満があるサインは、縁に足をかけてトイレをする以外にも次のようなものがあります。これらの行動が見られる場合は、トイレカフェテリア（P39）でお気に入りのトイレを探してあげましょう。

- トイレ以外の壁や床をかく
- 空中を前足でかく
- なかなか排泄しない（ポーズが定まらない、出たり入ったりするなど）
- 排泄後、砂をかかずにトイレから飛び出す
- トイレの回数が少なく、40〜50秒程度と長い

（通常は1日2〜4回、1回の排尿時間は約20秒が正常）

にゃんとす先生のひとこと

トイレ環境といえば、トイレの近くに食事や水飲み場を設置するのはNGです。皆さんご存知のように猫はきれい好きなので、近くに悪臭のある場所は好みません。猫砂が飛び散って汚れてしまうこともあるので、ごはんやお水はなるべくトイレから離れた場所に置きましょう。

物を落としたり倒したりする猫の気持ちは？

A「これ邪魔だな〜」

B「飼い主、こっち見て！」

猫は机や棚の上の物を落としたり倒したりするのが好きですね。そもそもいたずらされたくないものは置かないという工夫も必要ですが、猫が物を落とす理由を知ることで、適切な対処法が取れます。

答え

B「飼い主、こっち見て！」

物を落としたり倒したりする猫の気持ちは…

にゃんとす先生の解説

物を落としたり倒すのは、飼い主さんの気を引きたいから

猫が物を落としたり倒したりするのは、「これをすれば飼い主の注意を引くことができる」と覚えてしまっているパターンが多いです。例えば、猫が前足ちょいちょいして、テーブルの上のコップを端に寄せると、飼い主は「やめてー！」と飛んで止めにいきますよね。猫は学習能力が高いので、テーブルの物を落とそうとすると飼い主が自分のところにすっ飛んでくることを簡単に覚えてしまうのです。

猫が物を落としたり倒したりする行動に困っている場合の対処法としては、まずは猫がどんなタイミングで、物を落とすか観察してみてください。飼い主さんがそばにいるタイミングの場合は、飼い主さんにかまってほしい時やお腹がすいた時の可能性が高いでしょう。

この場合、猫がテーブルに乗って物を落とそうとするタイミングで、話しかけたり抱きかかえたり、ごはんで気を引いたりすると、ますますエスカレートしてしまいます。そのようなタイミングでは反応しないことが大切です。**猫がテーブルに飛び乗る前におもちゃで遊んであげたり、知育トイでおやつを与えたりするなど、物を落とす**

よりも猫が楽しめることを意識するといいかもしれません。

もし、飼い主さんが不在の場合に物を落とすことが多い場合は、分離不安症（P46）や退屈で物を落として遊んでいることなども考えられます。

爪研ぎや知育トイは、お留守番の寂しさを紛らわすのに最適です。またキャットタワーを窓際に置いて、外の様子を観察できるようにすることも、猫のストレスフリーな環境作りのためには大切です。

ちなみに京都大学の研究によると、猫はちゃんと物理法則を理解しているようです。実験では、箱を振って音がする場合としない場合、その後、箱をひっくり返して物が落ちる場合と落ちない場合の4通りを猫に見せました。

すると、音がするのに箱から物が落ちないパターンと、音がしないのに箱から物が落ちるパターンの時に猫が箱を長時間観察したそうです。つまり、猫は音がすると箱から物が落ちてくることを予測でき、それと一致しない条件では「あれ？　なんで？」という感じで注視してしまうようですよ。

猫がキーボードに乗ってくる理由は？

Ⓐ 飼い主さんにかまってほしいから

Ⓑ キーボードが獲物に見えるから

仕事や勉強をしようとした途端に、キーボードや書類の上に猫が乗ってくることはありませんか？ 「可愛いけどこれでは作業が進まない！」とお悩みの飼い主さんもいると思います。

答え

Ⓐ 飼い主さんにかまってほしいから

猫がキーボードに乗ってくる理由は…

にゃんとす先生の解説

キーボードに乗ってくるのは、飼い主さんにかまってほしいから

普段はそっけないのに、机に書類を広げたりパソコン作業をしようとした途端に猫に邪魔される…なんて経験が一度はあると思います。猫から受けるハラスメント、通称「ネコハラ」とも呼ぶそうですが（笑）、特にテレワークが増えた昨今、可愛いけど困るなあ…とお悩みの飼い主さんも多いのではないでしょうか。

猫が飼い主の邪魔をしてくるのは、現代の飼い猫が「子どもっぽいまま大人になってしまう」ことが原因だと考えられています。子猫は好奇心旺盛で、「母猫の気を引きたい・かまってほしい」という欲求を持っています。これと同じように、飼い主に対して、「かまってほしい・こっちを見てほしい」と邪魔してくるのでしょう。

では、なぜ現代の飼い猫は、子どもっぽいまま大人になってしまうのでしょうか？猫は本来、狩りをして生きる自立した動物でしたが、1万年ほど前から人間と生活を共にするようになりました。現代の飼い猫も基本的にずっと飼い主さんと一緒にいるので、狩りをする必要がなくなってきました。ごはんは勝手に出てくるし、人間が世話をしてくれます。その結果、自立心が無くなり、子どもっぽいまま大人になる現象が起きているのではないかと考えられています。

また、現代の猫は親離れがないことも原因の1つでしょう。本来、猫はある時期になると、母猫は子猫（特にオス猫）を威嚇して親離れさせますが、飼い主は母猫のように親離れさせることはありませんよね。オス猫のほうが甘えん坊さんが多いのは、このようなことも関係しているかもしれません。

しかし、どんなに可愛い理由でも仕事を邪魔されるのは困りますよね。そんな時は、SNSでも一時話題になりましたが、**机の上に猫用のスペース（小箱やベッドなど）を用意してあげると良いですよ。パソコンのキーボードに乗ってくる場合は、アクリル製のカバーなどを使用するのもおすすめです。**

Which One is Correct?

問題

猫が何もないところを見つめるのはなぜ？

Ⓐ人間には聞こえない音を聞いている

Ⓑ人間には見えない幽霊が見えている

愛猫が何もない空間をじっと見つめていることはありませんか？　視線の先には一体何が見えているのでしょうか…？

答え

B 人間には聞こえない音を聞いている

猫が何もないところを見つめる理由は…

にゃんとす先生の解説

人間より耳がいいから、何もないところを見ているように見える

愛猫が何もないところをじっと見つめていると、「えっ、おばけ的なものが見えているの…？」と怖くなってしまうかもしれませんが、おそらくこれは猫の聴覚や視覚が人間とは大きく異なることがその背後にあるのではないでしょうか。

猫の聴覚は人間よりもはるかに優れています。特に高い音を聞き取る能力が非常に高く、人間よりも2オクターブ高い音まで聞き取ることができると考えられています。

また、猫の耳の周りの筋肉は非常に発達しており、180度ぐるっと動かすことができるので、周囲の音の方向を正確に捉えることができます。そのため、**人間には聞こえない高い周波数の音や微細な音を聞き取って、その音のする方向を見ているのかもしれません**（音の正体が幽霊的な何かではないという保証はありませんが…）。

そして、猫の視覚も人間とは異なる特徴を持っています。猫はあまり目が良くないという話を聞いたことがあるかもしれません。基本的に猫の視力は人間の7分の1以下と、かなりの近視だと考えられています。また人間のように多彩な色を認識することも難しく、赤や緑を見分けることができません。

しかし、**猫は暗闇のハンターだけあって、暗い環境での視力は非常に優れています。**これは、暗い場所での視覚を司る「桿体細胞（かんたいさいぼう）」が人間の3倍以上あることが関係しています。また網膜の裏に「タペタム（輝板）」という反射板を持っており、これによって網膜を通過した光を反射し、再度網膜を通過させることで、暗闇での視力を向上させています。

そのため、**暗い場所ではもちろん、昼間の明るい場所でも人間には認識できない光の反射（微細なホコリなど）が猫にはしっかり見えているのかもしれません。**

さらに2014年には、猫を含む様々な動物が紫外線を認識できている可能性を示す研究が発表されました。紫外線を認識できることで、実際にどのような世界が見えているのかはよくわかっていませんが、私たち人間には見ることのできない何かが、猫には見えているのかもしれませんね。

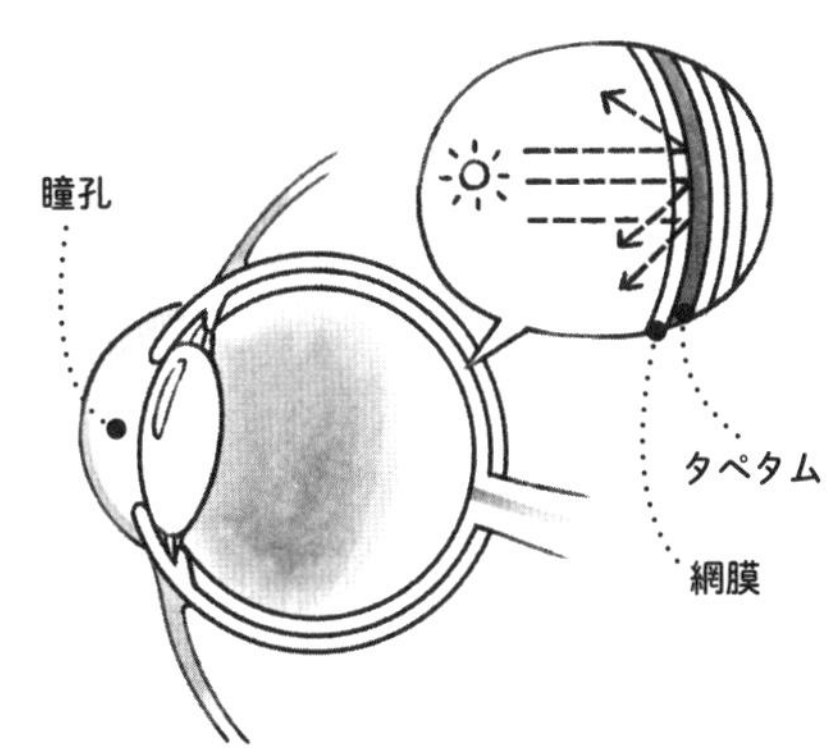

Which One is Correct?

問題

深夜の運動会に困っている…。やめさせる方法はある？

Ⓐ 猫は夜行性なのであきらめるしかない

Ⓑ 飼い主の夜更かしをひかえ、生活リズムをととのえる

深夜や夜明け前に、急にテンションがあがって大運動会を始める猫ちゃん。飼い主の安眠のために…時間帯によって対策が取れるかもしれません。

答え

深夜の運動会をやめさせる方法は…

B 飼い主の夜更かしをひかえ、生活リズムをととのえる

今日は締め切り…
しめきり
早く終わらせてすぐ寝たい！

にゃんとす先生の解説

真夜中の大運動会は、体内時計のズレが原因かも

猫は本来、朝日が昇る前や夕方の薄暗い時間に活動的になる傾向があります。この特性は、「薄明薄暮性（はくめいはくぼせい）」と呼ばれ、昼行性や夜行性とは異なる活動パターンです。そのため、愛猫が夜明け頃に大運動会をしたり、飼い主さんの足や耳をガブッとしたりすることは、ある程度仕方のないことかもしれません。

しかし、明け方ではなく真夜中に猫が活発になる場合は、もしかすると体内時計のズレが原因かもしれません。例えば、**猫が通常眠るはずの日中に飼い主さんがかまい過ぎてしまったり、飼い主さんが夜更かしをしがちだったりすると、猫の生活リズムにズレが生じ、真夜中に活動のピークが来てしまうことがあります。**

また、部屋の明るさも猫の体内時計の調整に影響を与えます。実際に、げっ歯類の研究では、明暗リズムをずらすだけで体内時計が狂ってしまうことがよく知られています。夜間に豆電球をつけていたり、帰宅が遅くなるために電気をつけたままにしたりしていると、明るい時間が増え、暗い時間が減ってしまいます。

猫は暗闇でも視力が非常に優れているため、真っ暗な部屋でも問題ありません。就

寝中や留守番中は電気を消し、日中は自然光を取り入れることで、猫の本来の生活リズムに近づけることができるでしょう。

深夜や朝方に起こされないための対策はいくつかあります。**例えば、食いしん坊な猫ちゃんで、「お腹がすいた！」と早朝に起こされる場合は、食事のタイミングや量を調節してみることができます。**就寝前に少し多めにごはんを与えたり、自動給餌器を使って、いつも起こされる時間に自動でごはんを与えたりすると改善するかもしれません。また、就寝前に知育トイにカリカリを入れておく方法も効果的です。

さらに、猫と遊ぶ時間を十分に確保することも重要です。仕事や学校から帰宅して、夕方から夜にかけて何度か遊んであげることで、夜間はぐっすりと眠ってくれる可能性があります。

注意が必要なのは、甲状腺機能亢進症（P214）や認知症（P222）でも夜間に鳴いたり、活動的になったりする場合があることです。高齢の猫ちゃんでこのような行動が見られた場合は、かかりつけの先生に相談して、必要な検査を受けるようにしましょう。

猫の健康管理の「どっちが正しい？」

愛する猫に健康で
長生きしてもらうための健康管理、
いざという時のための
知識を学びましょう。
日々、多くの猫を救うために
研究を続けている
にゃんとす先生が
最新の論文に基づいて解説。
マスターすればあなたも
〝げぼく〟上級者です！

猫の1年。人間でいうと何年？

A 2年

B 3年

C 4年

猫のライフステージは4段階に分けられます。近年、長生きする猫ちゃんが増えていますので、人間と同様、年齢とともに健康管理を見直していきましょう。

Ⓒ 4年

猫の1年は人間でいうと…

保護猫だから正確な年齢はわからないけど

この子たちは大体5～7歳くらいかな

可愛い我が子よ

ぎゅ〜〜

猫の年齢って人間でいうとどのくらいなんだろ？

今日から私のことは妹と思いなさい

ふふっ

げぼくでしょ

何はともあれ長生きしてほしいものです

にゃんとす先生の解説

猫は11歳からシニア期に入る

猫の1年を人間に換算すると、約4年に当たり（生後2歳以上の場合）、（猫年齢－2）×4＋24という計算式で求めることができます。

猫のライフステージは、大きく次の4つに分けられます。

●子猫期（出生から1歳まで／人間換算で～15歳）

この時期の猫は好奇心旺盛で、何に対しても興味津々。特に2か月齢までの期間は社会化期と呼ばれ、人や他のペットに少しずつ積極的に接することができる最適な時期です。また爪切りや歯磨き、ブラッシング、キャリーバッグ、動物病院への移動などにも慣れさせるためのトレーニングをしておきましょう。健康管理の面では、生まれつきの遺伝子疾患や感染症などに注意が必要です。

●成猫期（1～6歳／人間換算で～40歳）

避妊去勢手術が終わると代謝が変化し、太りやすくなります。食事内容や量を見直し、肥満に気をつけましょう。特発性膀胱炎や尿路結石（Ｐ１８２）、肥大型心筋症

（Ｐ２１８）、呼吸器疾患、皮膚疾患などに注意が必要です。

●中年期（7〜10歳／人間換算で〜60歳）

引き続き肥満に注意する必要がありますが、だんだんと痩せやすい体質へと変化していきます。またこの時期から様々な病気のリスクが増えます。慢性腎臓病（Ｐ２０0）やがん（Ｐ２０６）、甲状腺機能亢進症、糖尿病（Ｐ２１４）などは年齢を重ねるごとに発症リスクが増加します。

●シニア期（11歳以上／人間換算で61歳〜）

先に挙げた病気に加え、変形性関節症や認知症（Ｐ２２２）などに注意が必要です。食事や寝床、トイレにアクセスしやすいように段差をなくし、バリアフリーな環境作りを意識しましょう。また、食器は脚付きの高さのあるものを使用してあげてください（Ｐ34）。最低でも半年に1回は健康診断を受けるようにしましょう。

Mature Adult 中年期	Senior シニア期
7～10歳	11歳以上
～60歳	61歳～
	少なくとも半年に1回

- ●慢性腸疾患（消化器型リンパ腫、炎症性腸疾患）
- ●慢性腎臓病（P200）
- ●甲状腺機能亢進症（P214）
- ●糖尿病（P214）
- ●がん（P206）
- ●認知症（P222）
- ●歯周病や吸収病巣（歯が溶ける）
- ●変形性関節症（関節炎）

- ●体重の減少や筋肉量が落ちていないかチェックする
- ●7歳以上やシニア用の食事、必要であれば療法食を獣医師と相談する

- ●ごはんや水、トイレにアクセスしやすくする（段差を避ける）
- ●微妙な行動の変化に注意する

猫のライフステージ

	Kitten 子猫期	Young Adult 成猫期
年齢	生まれてから１歳まで	１～６歳
人間に換算すると…	～15歳	～40歳
健康診断の頻度		１年に１回以上
気をつけたい病気	●遺伝子疾患や生まれつきの病気 ●感染症（寄生虫、猫風邪、猫伝染性腹膜炎（FIP）など） ●皮膚糸状菌症	●気管支疾患 ●肥大型心筋症（P218） ●慢性腸疾患 ●特発性膀胱炎や尿路結石（P182） ●アレルギー性皮膚疾患（ノミや食物アレルギー、アトピー性皮膚炎など） ●真菌感染症
食事と体重管理のポイント	●生後半年までに食の好みが決まるため、できるだけ多くの種類のフードに慣れさせる ●知育トイに慣れさせる	●肥満に注意 ●遊びで運動不足解消
行動や環境	●人や動物に慣れさせる（特に～２か月齢） ●ブラッシング・爪切り・歯磨きのトレーニングをする（P70、66、174） ●適切な遊び方を学ばせる（手や足ではなく、おもちゃで遊ぶ） ●キャリーバッグに慣れさせる（P50）	●多頭飼育の場合、同居猫との関係が悪化していないかどうか確認する（P78）

猫の太り気味のサインはどっち？

Ⓐ 体重が５kg以上

Ⓑ 上から見てウエストにくびれがない

人間と同じく、肥満は猫の健康にも悪影響を及ぼします。愛猫が太っているかどうかをきちんと見極めて、肥満気味の場合は食事量や運動量を調節する必要があります。

B 上から見てウエストにくびれがない

猫の太り気味のサインは…

にゃんとす先生の解説

猫の肥満度はくびれと肋骨が触れるかでチェック

猫が太っているかどうかは、主に「ボディコンディションスコア」と呼ばれる手法で判断します。猫の理想的な体型は、次の①〜③が評価基準とされています。

① 上から見た時に肋骨の後ろにくびれがある
② 薄い脂肪の上から肋骨が触れる
（人間の手の甲の骨を触る感覚を参考にしてみるとわかりやすいです）
③ 腹部にあまり脂肪がついていない

ウエストが異常に細かったり、肋骨が目で見える場合は痩せ過ぎ、逆にくびれが判別つかなかったり、肋骨が脂肪で触れることができない場合は太り過ぎと評価します。

ただし、注意が必要なのは腹部の脂肪についてです。**愛猫がお腹をたぷたぷさせながら歩いていると、「太っているのかな…?」と心配になるかもしれませんが、猫にはもともと下腹部にたるみがあります。これは「プライモーディアルポーチ（原始的な袋）」もしくは「ルーズスキン」と呼び、脂肪ではなく、余った皮膚です。**このたるみはライオンやトラなどの他のネコ科動物にも見られます。

太るとルーズスキンも目立つようになりますが、太っていない猫でも目立つ場合もあります。そのため、太っているかどうかをお腹のたるみだけで判断するのは難しく、くびれがあるか、肋骨が触れるかどうかで判断しましょう。自分で見極めるのが難しい場合は、一度動物病院できちんと評価してもらうと安心です。

また、自己判断での極端なダイエットは肝臓にダメージを与えることもあります。必ずかかりつけの獣医師と話し合いながら、無理のないダイエットを計画するようにしましょう。

理想的な体型

Which One is Correct?

問題

猫の水分摂取について、正しいのはどっち？

A 冷やした水や氷水を与える

B 常温の水やぬるま湯を与える

「うちの子があまり水を飲んでくれない…」とお悩みの飼い主さんは多いようです。熱中症や下部尿路疾患の予防などのために十分な水分補給が大切ですが、猫ちゃんがたくさんお水を飲んでくれる工夫は？

B 常温の水やぬるま湯を与える

猫の水分補給を促すためには…

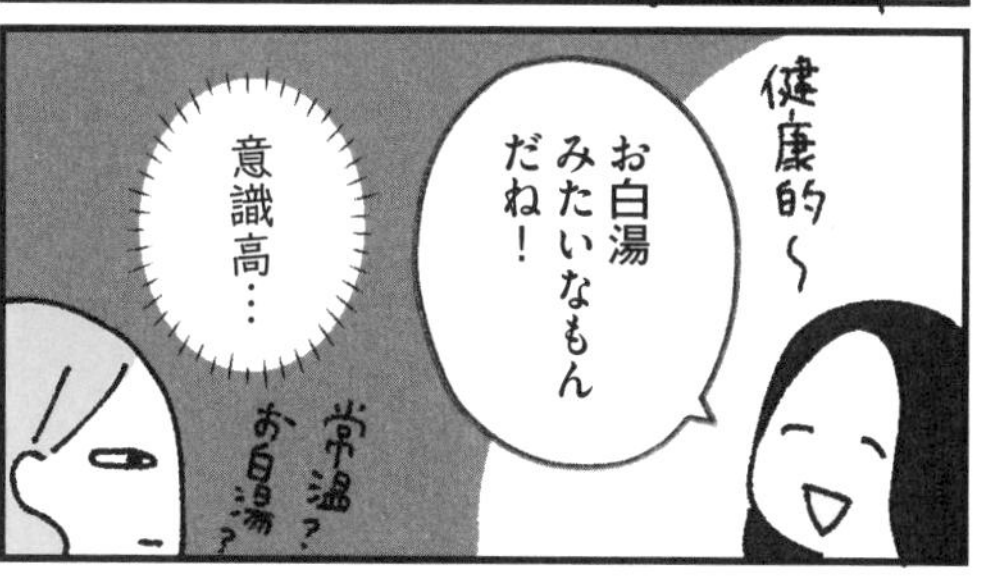

にゃんとす先生の解説

猫に冷たい水や氷水はNG!

暑い日が続くと、私たち人間はキンキンに冷えた水を飲みたくなったり、アイスクリームを食べたくなったりしますよね。「きっと猫ちゃんも同じ気分のはず…!」と思って、飲み水に氷を入れてあげたり、ペースト状のおやつを凍らせて与えたりするのは、あまりおすすめできません。

理由は主に3つあります。1つ目の理由は、**猫は冷たいものを嫌う傾向があるからです。ある研究によると猫は獲物と同じ温度(37~40℃)のものを最も好み、これより極端に冷たいものや熱いものは嫌うというデータがあります。**

2つ目の理由は、お腹を壊す原因になるからです。これは人間でも同じですよね。猫の場合は吐き戻しの原因になることもあります。

3つ目の理由は、猫にもアイスクリーム頭痛があるからです。アイスクリーム頭痛とは、ほとんどの人が経験したことのある、冷たいものを食べた時に頭が締め付けられるようなあの痛みのことです。どうやら猫も冷たいものを食べると頭が痛くなるようなのです。人間の場合は冷たいものを食べたから頭が痛いのだと理解できますが、猫の場合はなぜ頭が痛くなったのか、理解することができません。時々SNSなどで動画を見かけますが、突然の痛みに驚いたような反応を見るとかわいそうです。

そして、これも暑い時期に気をつけたいことですが、猫も熱中症になります。夏でも窓辺で日向ぼっこが好きな猫ちゃんもいるので、特に注意が必要です。予防策としては、エアコンで室温をさげることと、しっかり水分補給をすること。

熱中症対策のために水分補給を促したい場合も、常温の水もしくは人肌くらいのぬるま湯をこまめに与えると良いでしょう。また、**猫はのどの渇きに対して鈍いため、直接の飲水だけでなく、食事からも水分を摂ったほうが良いといわれています。そのため、ウェットフードを普段の食事に取り入れる（ミックスフィーディング）と効率良く水分補給ができるでしょう（P14）。**

CIAOちゅ～るのようなペースト状のおやつはもちろんそのまま与えてもいいですが、ぬるま湯で溶いてスープにして与えるのも良い方法ですよ。ちなみに我が家のにゃんちゃんは、ちゅ～る1本を40ccのぬるま湯で溶いてあげるとゴクゴク飲んでくれます。こうした水分補給は、熱中症対策だけでなく、膀胱炎や尿路結石などの下部尿路疾患（P182）の予防にも役立つので、ぜひ実践してみてください。

猫のストレスサインとして誤っているのはどれ？

Ⓐ おもちゃでよく遊ぶようになる

Ⓑ トイレ以外でおしっこやうんちをするようになる

Ⓒ 飼い主や他の猫への愛着行動が減る

ストレス社会に生きる私たち人間とは異なり、猫は自由でストレスフリーに生きている…と思うのはまちがい！　じつは猫も様々なストレスに日々さらされています。

A おもちゃでよく遊ぶようになる

猫のストレスサインとして誤っているのは…

にゃんとす先生の解説

活動量の低下はストレスサイン

猫が強くストレスを感じている時は、活動性が低下します。多くの場合、隠れている時間が増加したり、遊び行動が減ったり、飼い主さんや他の猫への愛着行動（グルーミングし合ったり、スリスリ顔周りをこすりつける行動）が減ります。食欲も低下することが多いですが、場合によっては食欲が逆に増加することもあります。

このように正常な行動が減少する一方で、ストレスによって普段見られないような異常行動が見られるようになることもあります。例えば次のような行動は、猫がストレスを感じているサインでしょう。

- 過剰なグルーミングによる脱毛
- 異食症（布やゴム・プラスチックなど食べ物以外を食べる）
- 不適切な場所での排尿
- 過剰に鳴いて歩き回るようになる

こうしたストレスサインを発見した場合、まずは何がストレスの原因になっているかを考えてみる必要があります。

猫の主なストレスの原因は、環境の変化（例：引っ越しや家族が増えた）、他の猫や飼い主との関係の悪化、室内環境が猫の飼育に適していない（例：爪研ぎがない、トイレが汚い）などが多くを占めます。

原因がわかったら可能な限りその原因を取り除くことが重要です。しかし、引っ越しや多頭飼育でなかなかそうもいかないケースでは、快適な環境下で徐々にストレスとなる刺激に触れさせ、だんだんと慣れてもらうような工夫（P89、にゃんとす先生のひとこと）が必要になります。

また、猫の本能を満たすような室内環境を作ることも非常に大切です。部屋全体を見渡せるような高台（キャットタワーや棚など）、身を隠すことのできる隠れ家、お気に入りの爪研ぎやトイレを与えてあげましょう。

ストレスは猫の幸福度をさげるばかりか、感染症の発症や特発性膀胱炎、下痢や嘔吐、皮膚疾患など、様々な病気のリスクにもなります。猫は非常に繊細な動物です。よく行動を観察して、愛猫にとってストレスフリーな暮らしを目指しましょう！

猫のお口の病気で多いのはどっち？

A 虫歯

B 歯周病

猫のお口の健康の維持は、全身の健康の維持につながります。猫のお口周りの病気や歯磨きについて、正しい知識を持ってケアをしていきましょう。

B 歯周病

猫のお口の病気で多いのは…

猫の歯磨き一応してるけど

しっかりできてるか自信ないな…

にゃんとす先生の解説

歯周病は全身の病気に影響を与える

猫は人間と違って虫歯にならないことを知っていましたか？　これは虫歯菌が猫の口の中にはいないからだと考えられていますが、だからといって、デンタルケアが必要ないわけではありません。

というのも、**猫は虫歯にはなりませんが、歯周病は口の中だけでなく、全身の病気にも影響を与えます。**例えば、重度の歯周病の猫は慢性腎臓病のリスクが35倍に上がるというデータもあります。歯周病は歯垢や歯石が原因なので、**日々の歯磨きがその予防にとても大切です。**

とはいっても、猫に歯磨きは非常に難しいです。子猫の時期から歯ブラシに慣れさせていれば話は別ですが、「さあ今日から歯磨きをしよう」と思っても、ほとんどの猫が嫌がってしまうでしょう。

歯磨きにトライする時は、段階を踏みましょう。ペースト状のおやつを指にとって舐めさせながら、**まずは口周りを触るところから始め、**指にガーゼを巻いて磨き、最終段階として歯ブラシ（P238）を使います。細い先端の猫用歯ブラシを使用する

と、少しやりやすくなるかもしれません。特に奥歯は歯石がつきやすいので、重点的に行うようにしましょう。

どうしても歯磨きが難しい場合は、歯磨き効果のあるおやつを使ってみると良いかもしれません。アメリカ獣医口腔衛生協議会（ＶＯＨＣ）の認定マークがついているピュリナ デンタライフやグリニーズ歯みがき専用スナック（Ｐ２３４）などがおすすめです（与え過ぎには注意しましょう）。

歯磨きは猫の健康維持にはとても大切ですが、飼い主さんとの絆に亀裂が入ってしまったり、猫にとって大きなストレスになってしまっては元も子もありません。あまり神経質にならず、無理のない範囲でチャレンジしていきましょう。

ただし、歯肉がすでに赤く腫れている場合は、歯磨きでは対応できません。必ずかかりつけの動物病院を受診するようにしてください。歯肉口内炎や吸収病巣（歯が溶ける病気）も一般的ですが、これらは基本的に歯磨きでは防ぐことはできません。

よだれや口臭、痛みで触られるのを嫌がる、食事をこぼす、やわらかいものしか食べなくなった、前足で口周りをしきりに気にするといった症状がある場合もすぐに受診しましょう。

猫は○○をしやすいので注意。猫のうんちについて当てはまるのは？

A 便秘

B 下痢

猫はもともと水をあまり飲まない動物なのですが…？　うんちの様子を観察することは、愛猫の健康状態を把握する上でとても大事です！

便秘

猫のうんちトラブルで多いのは…

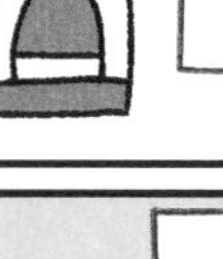

猫の便秘や下痢を軽視しないようにしよう

猫は便秘をしやすい動物です。トイレで気張っているのになかなか便が出ない時や、小さくてコロコロした便が少量出る場合は便秘の可能性があります。便秘は、大したことのない症状として捉えられがちですが、放っておくのは良くありません。うんちが硬くなると、気張った時に痛みを伴うようになり、痛みがあるとうんちをするのをさらに我慢するようになります。我慢するとうんちから水分が吸収される時間が長くなるため、いっそううんちが硬くなってしまうのです。

こうした悪循環に陥ると、ときには食欲や元気がなくなったりするほど症状が悪化してしまうことも…。ここまで進行すると、動物病院で浣腸や摘便（指で便を掻き出す）の処置が必要になるかもしれません。**こうなる前にうんちの様子をよく観察し、便秘気味であれば食事をウェットフードに変えたり、便秘によく効く療法食を獣医師に相談して処方してもらうなど、早めの対応を心がけましょう。**

トイレが汚れていたり、猫砂（Ｐ38）やトイレの大きさ（Ｐ１３４）が気に入っていない場合も、うんちを我慢してしまうことがあるので注意しましょう。

便秘は、慢性腎臓病などの脱水を引き起こす病気の時にも見られる症状です。便秘で来院した猫を調べたある研究によると、**慢性腎臓病を患っている猫は、3・8倍便秘のリスクが高かったそうです。これは裏を返せば、便秘になりやすい猫は慢性腎臓病かもしれないということです。**便秘が続くようなら、健康診断も兼ねて一度動物病院を受診されることをおすすめします。また、尿路結石などによるおしっこの詰まりや膀胱炎による残尿感を、便秘によるしぶりだと勘違いする飼い主さんもいます。おしっこはちゃんと出ているかどうかもよく確認しておきましょう。

また、猫が下痢をしている場合は、感染症や胃腸炎、食事に関連したもの（食物アレルギー、フードの切り替え）が原因のことが多く、その他には消化器型リンパ腫などの悪性腫瘍、甲状腺機能亢進症、炎症性腸疾患（ＩＢＤ）などの病気が隠れている場合もあります。

うんちに血が混ざっている場合は、大腸炎や便秘による出血、感染症、大腸の悪性腫瘍など、肛門に近い部位での出血の可能性があります。黒色のうんちが出た場合は、口、食道、胃、小腸などの肛門から離れた場所での出血を疑います。どちらも重大な病気の症状の可能性があるので、動物病院を受診するようにしましょう。

ストレスが原因で起こりやすいおしっこの病気はどっち？

Ⓐ 特発性膀胱炎

Ⓑ 尿路結石

猫の最も多い病気の１つとして、おしっこの病気があります。専門的な用語では「下部尿路疾患（FLUTD）」といい、膀胱から尿道までのおしっこの通り道に起こる様々な病気や症状の総称です。

Ⓐ 特発性膀胱炎

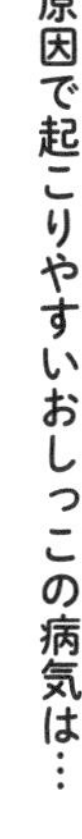

新しく猫が来た時は先住猫にとってストレスになるので

おしっこや便をよく観察しておいてください

へー

って言われたけど…

具体的にどうなるとだめなのかな…

うーん

特発性膀胱炎はストレスが主な原因

猫の下部尿路疾患（おしっこの病気）の中で特に多い病気は、「特発性膀胱炎」と「尿路結石」です。どちらも症状としては、何度もトイレに行く、トイレ以外の場所でおしっこをする、ポタポタ尿が垂れる、陰部を舐める、排尿ポーズを取るがおしっこが出ない、痛みを感じて鳴く、血尿が出るなどがあります。

特発性膀胱炎の「特発性」とは「原因不明の」という意味ですが、ストレスが主な原因ではないかと考えられています。**ストレスによって交感神経の活性化やホルモンバランスの変化が起こり、それによって膀胱のバリア機能が弱まることで膀胱炎を発症するのではないかと考えられています。**

実際にあった特発性膀胱炎の発症ケースとしては、子どもや孫が生まれて家族が増えた・遊びに来るようになった、家の近くで工事が始まった、同居猫と仲が悪い、同居猫や犬が亡くなった、お留守番の時間が長い、関節炎や胃腸疾患などの痛みを伴う病気が隠れていた、通院回数が多いなど。様々な環境や体調の変化が猫のストレスになる場合があります。

また、ストレスだけでなく、運動不足や肥満、水分の少ない食事（カリカリのみ）、性別なども関係していると考えられており、特に運動不足で太っている若いオス猫は発症リスクが高いので注意しましょう。

尿路結石も非常に多く、数センチの石のようなものもあれば、砂状のものまで様々です。こちらは猫の体質や食事の内容、あまり水を飲まないことなどが関連していると考えられています。おしっこがキラキラしていることで気づく飼い主さんもいます。

膀胱炎も尿路結石も、最も注意が必要なことは、石や尿道栓子（おしっこの中の死んだ細胞や血液、結晶などが固まったもの）がおしっこの通り道に詰まることです。特にオス猫は尿道がかなり細く、詰まりやすい構造をしています。おしっこが詰まると膀胱がパンパンに膨れて、腎臓に大きなダメージを与えます。またその状態が長引けば、尿毒症という状態に陥り、命に関わる場合もあります。

このような下部尿路疾患の予防のためには、トイレ環境を猫にとって快適なものにする、猫のストレス源をなくす、水をたくさん飲んでもらう工夫をする、遊ぶ時間を増やす、太らせないことなどが大切です。

猫の3種混合ワクチンに含まれないものはどれ？

A 猫ヘルペスウイルス

B 猫免疫不全ウイルス

C 猫カリシウイルス

新型コロナウイルス感染症の大流行により、私たちの生活は一変しましたが、猫の世界でも様々な危険なウイルスが蔓延しています。愛猫の命を守るために、ウイルスとワクチンについて学んでおきましょう。

B 猫免疫不全ウイルス

猫の3種混合ワクチンに含まれないものは…

にゃんとす先生の解説

3種混合ワクチンを接種しよう

危険なウイルスから愛猫を守るためには、猫を外に出さないことが最も大切です。しかし、室内飼いでも感染のリスクはゼロではなく、特にいくつかのウイルスは環境中でも生き残ることができるため、飼い主さんの衣服や靴に付着して簡単に室内に侵入することができてしまいます。

特に注意が必要な「猫パルボウイルス」「猫カリシウイルス」「猫ヘルペスウイルス」を予防するためには、3種混合ワクチン（コアワクチン）を接種する必要があります。

ただし、ワクチンはウイルスから愛猫を守るために必須なものですが、デメリットがないわけではありません。一部の猫ちゃんはワクチンに対して副反応を起こすことがあります。じつは我が家のにゃんちゃんも一度副反応が出たことがあり、ワクチン接種後にガタガタ震え始め、顔もみるみるうちにむくんでしまいました。幸いすぐに副反応を抑える注射を打つことでことなきを得ましたが、こういったリスクは少ないに越したことはありません。**このような万一の場合にすぐに病院で診てもらえるように、ワクチン接種はなるべく午前中に行いましょう。**

また、ごくごくまれではありますが、ワクチンを接種した部位に「注射部位肉腫」というがんが発生することがあります。さらに最近の研究によると、毎年のワクチン接種が慢性腎臓病の危険因子になる可能性も指摘されているのです。

こうした背景から、当然の習慣として毎年ワクチンを接種するのではなく、猫それぞれの感染リスクを正しく判断し、必要以上のワクチン接種は避けようという動きがさかんになってきました。

WSAVA（世界小動物獣医師会）のガイドラインでは、感染リスクの低い猫の場合は3年に一度のコアワクチン接種が推奨されています。そのため、単頭飼育で完全室内飼いの場合は3年に一度で問題ないでしょう。

しかし、多頭飼育、野外に出る、ペットホテルを利用する、飼い主が他の猫と接触する機会が多い、過去に猫風邪になったことがある、風邪症状のぶり返しがある、同居猫がFeLV陽性の場合などは、年1回の接種やノンコアワクチン（「猫クラミジア菌」「猫白血病ウイルス」「猫免疫不全ウイルス」を対象にしたワクチン）の接種を検討する必要があります。ワクチン接種の頻度については、愛猫の感染リスクをよく理解し、かかりつけの先生とよく相談の上で決めるようにしましょう。

死亡率	主な症状と特徴
	猫風邪の原因の１つで、くしゃみ、鼻水、発熱などの風邪症状、進行すると肺炎になる場合もある。口内炎や舌の潰瘍なども特徴的な症状である。症状が落ち着いても長期にわたって感染が持続し、ウイルスを排出し続ける。
	猫風邪の原因の１つで、くしゃみ、鼻水、発熱などの風邪症状や目の周りが腫れたり目ヤニが出たりする。子猫の場合、死亡することもある。一度感染すると体内から完全に排除することはできず（潜伏感染）、再発しやすい。
死亡率が高い	猫汎白血球減少症の原因ウイルス。腸炎や白血球の減少を引き起こし、特に子猫では致死率が約80～90%に到達する。
死亡率が高い	リンパ腫や白血病など血液系の腫瘍になることがあり、発症すると高い確率で死亡する。子猫ほど感染しやすく、陽性猫を含む多頭生活でじゃれ合ったり同じ食器を使ったりすることで感染が広がることもある。
	目ヤニや結膜炎、風邪症状が主。ヘルペスウイルスやカリシウイルスと一緒に感染するとそれらの症状を悪化させる。
	猫エイズとも呼ばれ、発症すると免疫力が低下し、細菌感染症やがんなどの病気にかかりやすくなる。潜伏期間が長く、症状が出ないまま寿命をまっとうする猫もいる。ワクチンもあるが、効果があまり高くなく、日本では終売が決まっている。

混合ワクチンで予防できる感染症

<table>
<tr><th colspan="3">混合ワクチンの種類</th><th>感染症</th><th>感染経路</th></tr>
<tr><td rowspan="5">5種</td><td rowspan="4">4種</td><td rowspan="3">3種</td><td>猫カリシウイルス</td><td>●感染猫の分泌物（目ヤニ、クシャミ、鼻水）が口や鼻から入ると感染</td></tr>
<tr><td>猫ヘルペスウイルス（ウイルス性鼻気管炎）</td><td>●感染猫の分泌物（目ヤニ、クシャミ、鼻水）が口や鼻から入ると感染</td></tr>
<tr><td>猫パルボウイルス（猫汎白血球減少症）</td><td>●嘔吐物や糞便から排出されたウイルスが口から入ると感染
※直接糞便に触らなくてもケージ、食器、フード、毛布なども感染経路になる。</td></tr>
<tr><td></td><td>猫白血病ウイルス（FeLV）</td><td>●母猫からの感染
●ケンカや性交渉による感染
●接触感染（食器やトイレの共有、毛づくろいなど）</td></tr>
<tr><td></td><td></td><td>クラミジア菌（細菌）</td><td>●感染猫の分泌物（目ヤニ、クシャミ、鼻水）が口や鼻から入ると感染</td></tr>
<tr><td colspan="3">FIV</td><td>猫免疫不全ウイルス（FIV）</td><td>●ケンカや性交渉による感染</td></tr>
</table>

猫が吐いてしまった！すぐに病院に行くべき危険な嘔吐症状はどっち？

Ⓐ フードをすぐに吐き戻す

Ⓑ 短時間に何度もくり返し吐く

猫はよく吐く動物ですが、命に関わる危険な嘔吐もあります。「少し様子を見よう」が命取りにならないように、猫のＳＯＳサインを見極めましょう。

Ⓑ 短時間に何度もくり返し吐く

すぐに病院に行くべき危険な嘔吐症状は…

にゃんとす先生の解説

すぐに病院に行くべきSOSサイン

愛猫の異常を感じた時に、「少し様子を見よう」が命取りになってしまうケースを何度も経験しました。愛猫の命を守れるかどうかは飼い主さんの判断にかかっています。次のSOSサインは一刻を争うような命に関わるケースもありますので、覚えておきましょう。

●**短時間に何度も吐く**……異物が腸に詰まった時やおしっこの病気で尿が出せない時、中毒など命に関わる状態に陥っているかもしれません。

●**呼吸がおかしい**……口を開けて呼吸をしている・おすわりやフセの姿勢のまま首を伸ばし、頭をあげて呼吸をしている・運動直後ではないのに鼻をヒクヒクさせて呼吸している（遊んだ後などに観察してみると理解しやすいです）・胸とお腹が大きく波打つように別々に動く・体全体で呼吸したり、頭を上下に動かしながら呼吸している・咳が出る（嘔吐とまちがえやすいので注意）・舌や歯肉の色がピンクではなく紫色になっている（チアノーゼ）など。心臓病の悪化や胸や肺に水が溜まった危険な状態の可能性があります。

●**おしっこが出ない、出にくい**……尿路結石や尿道栓子（おしっこ中の死んだ細胞や血液、結晶などが固まったもの）がおしっこの通り道に詰まった状態（尿路閉塞）は、放っておくと命に関わります。トイレから出たり入ったりする・排尿ポーズを取ってもあまりおしっこが出ない・血尿が出ている・おしっこの時に痛がったり鳴いたりするのは、典型的な「おしっこ詰まったサイン」です。特にオス猫は尿道が非常に細く、詰まりやすいので注意しましょう。

●**立てなくなる、後ろ足を引きずる、鳴き叫ぶ**……大動脈血栓塞栓症の典型的な症状です。肥大型心筋症（Ｐ２１８）などの心臓病が原因でできた血栓が股の血管に詰まってしまう病気で、亡くなるケースが多く、非常に危険です。腰が抜けたようになり、激しい痛みを伴います。また心臓病の急激な悪化により、呼吸の異常も見られます。血管が詰まっているので、足の先が冷たくなっていることもあります。

猫が体に痛みを感じているサインはどれ？

Ⓐ キャットタワーに飛び乗るのを嫌がる

Ⓑ 毛づくろいの頻度が減った

Ⓒ トイレを使わなくなった

猫は本能で痛みを隠そうとします。そのため、関節炎や膀胱炎、口の中の病気など、様々な病気で痛みを抱えている時に、猫の痛みサインを見過ごしてしまうこともあります…。

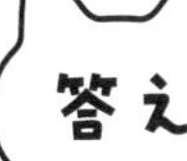

A B C 全部正解

猫が体に痛みを感じているサインは…

猫が痛がってる時って
どんな反応するんだろう？

にゃんとす先生の解説

痛みがある時の行動や表情

猫の痛みサインには、次のようなものがあります。**猫は本能で痛みを隠そうとするため、日頃からよく観察して見逃さないようにしましょう。**

- キャットタワーや家具に飛び乗るのを嫌がる（飛び乗る回数が減る）
- キャットタワーや家具から飛び降りるのが難しい（転んだり不器用に見える）
- あまり遊ばなくなった、走らなくなった
- 触ったり動かしたりすると声を出す、攻撃的になる、耳を後ろに反らす
- 体の一部を過度に舐めたり、噛んだり、引っ掻いたりする
- 逆に毛づくろいの頻度が減る
- いつもと違う体勢やいつもと違う場所で寝る
- 目の表情の変化（瞳孔の拡大、うつろな表情をしている、目を細める）
- トイレを使わなくなった、トイレの出入りが難しくなった、トイレ以外の場所で粗相をするようになった
- 食欲が落ちた

強い痛みがある場合は、人間が顔を歪めるように、猫も表情に変化が認められることもあります。左の図は、モントリオール大学の研究チームが作ったネコ科のしかめっつらスケール（Feline Grimace Scale）という指標です。

猫の痛みサインが見られる場合は、すぐにかかりつけの先生に相談しましょう。自己判断で人間用の痛み止めは絶対に与えてはいけません。猫にとっては毒性が強く、死亡する場合もあります。

痛みを感じていない

- 耳が前を向いている
- 目が開いている
- マズルがリラックスしている（丸型）
- ひげが緩んで湾曲している

痛みを感じている

- 耳が寝ている、または外側を向いている
- 目が閉じている
- マズルが緊張している（楕円形）
- ひげがまっすぐ正面を向いている

Which One is Correct?

問題

猫の慢性腎臓病について正しいのはどっち？

A 初期症状が出やすく早期発見されやすい

B 初期症状がほとんどなく早期発見が難しい

慢性腎臓病は猫で最も多い病気の１つです。10歳以上の猫の約40％が患っているという報告も…。飼い主さんも早期発見やリスクを減らす方法について理解を深めておくことが大切です。

答え

Ⓑ 初期症状がほとんどなく早期発見が難しい

猫の慢性腎臓病は…

猫に多い慢性腎臓病は、初期症状がほとんどない

慢性腎臓病は猫で最も多い病気の1つで、10歳以上の猫の約40%、15歳以上の猫で約80%が患っているという報告もあります。ほとんどの猫が慢性腎臓病を発症することから、病気というよりも猫に特徴的な老化現象の1つと考えても良いかもしれません。そのため、飼い主さんも猫の慢性腎臓病について理解を深めておくことが大切です。

猫の慢性腎臓病は4つのステージに分類されます（P202）。**重要なことは、猫の慢性腎臓病では、腎臓の機能が残り3分の1になるまで症状がほとんど出ないということです。つまり、初期症状がほとんどないということ。腎臓の機能が3分の1を切ると、薄いおしっこがたくさん出るようになったり、水を飲む量が増えたりします。**さらにステージが進むと、食欲がなくなったり、毛並みが悪くなる、元気がなくなる、貧血、よく吐くなどの症状が現れますが、その段階では腎臓の機能は残り4分の1を切っています。

ですので、慢性腎臓病を早期発見するためには定期的な健康診断が大切です。特に、SDMAやクレアチニンといった血液検査項目や尿検査（尿比重・タンパク尿の有無：UP/C）が有用です。高値ではなかったら安心というわけではなく、基準値範囲内でもだんだん上昇していないかどうか、時系列で追うことが大切です。

また超音波検査（エコー検査）で腎臓に異常がないかチェックしてもらうと安心でしょう。早期に発見し、治療介入（療法食など）することで、進行を遅らせることができます。

慢性腎臓病のリスクを減らすためには、若い頃からしっかり水分を摂らせることを意識しましょう。

また、歯周病（P174）は慢性腎臓病のリスクを高めることが報告されています。難しい場合が多いですが、猫ちゃんが許してくれるなら歯磨きなどを行う習慣も腎臓病のリスクを減らすことにつながります。キャットタワーや隠れ家を与える、おもちゃで遊ぶ時間を増やすなど、ストレスフリーな生活を送ることも大切でしょう。

さらに、ユリ科をはじめとした様々な植物が猫にとって毒性があることが知られています。ユリ科の場合は腎毒性が非常に高く、花びらや葉をかじったり、花瓶の水を飲んだりするだけで急性腎障害を引き起こし、死に至ることもあります。こうした植物は持ち込まないことも大切です。

腎臓病のステージ

<table>
<tr><th></th><th>腎臓の機能</th><th>主な症状</th><th>検査</th></tr>
<tr><td>Stage 1</td><td>腎臓に残された機能
100～33%</td><td>●なし</td><td>尿検査や血液検査で軽微な異常</td></tr>
<tr><td>Stage 2</td><td>腎臓に残された機能
33～25%</td><td>●症状はないか軽度
●水を飲む量が増え始める
●おしっこの量が増え始める</td><td>血液検査と尿検査で異常</td></tr>
<tr><td>Stage 3</td><td>腎臓に残された機能
25～10%</td><td rowspan="2">●食欲が低下する
●毛並みが悪くなる
●元気がない
●貧血
●よく吐く</td><td rowspan="2">血液検査と尿検査で異常</td></tr>
<tr><td>Stage 4</td><td>腎臓に残された機能
10%以下</td></tr>
</table>

にゃんとす先生のひとこと

最近、「AIM」という分子が猫ではうまく働かないことが慢性腎臓病の原因の1つではないかという研究が発表され、AIMの働きを活性化する成分を含むキャットフードが発売されました。

しかし、現段階ではそのキャットフードの効果が証明されていないこと、リンの制限などがされておらず、栄養学的に適していないなどの理由から、現段階で積極的におすすめはできません。特に、既に療法食を与えている場合に切り替えることは絶対にやめましょう。非常に有益な研究成果であることはまちがいないので、今後の研究成果や治験の結果を期待して待ちましょう！

にゃんとす先生のひとこと

歯周病と慢性腎臓病リスクに相関関係があると前述しましたが、猫のお口の健康について、ここで少し付け加えましょう。動物病院では、比較的早い段階で抜歯(特に歯肉口内炎の場合は全顎抜歯)をすすめられることがあります。

これは痛みから解放されることや、猫が日常的なデンタルケアを行うのが難しいこと、歯がなくても食事に大きな影響がないことなどが理由とされています。かわいそうに感じるかもしれませんが、食欲が戻り、以前よりも活発になるケースも多いため、猫にとって最善の選択肢を考慮してあげてください。

猫の2大死因の1つは腎臓病。もう1つは？

A がん

B 心臓病

猫が腎臓病になりやすいことはご存知の方も多いと思います。では、意外と見逃されがちな、腎臓病に並んで多いもう1つの死因は何でしょうか？

がん

猫の2大死因の1つは…

猫の病気って人間と同じ様な病気が多いよね
腎臓病とかがんとか

にゃんとす先生の解説

がんは、腎臓病に並ぶ猫の死因の上位

「がん」が腎臓病に並ぶ上位の死因であることはあまり知られていないようです。手術で摘出されたがん組織を調べたデータによると、**多い順に、①乳がん、②リンパ腫、③肥満細胞腫、④扁平上皮がん（頭頸部がん）、⑤線維肉腫となっています。**しかし、「リンパ腫」は手術ではなく抗がん剤で治療することが多いことや、近年では避妊手術を受けることが一般的になって乳がんの罹患率はさがっていることなどから、おそらくリンパ腫がトップの座に君臨しているのではと考えられています。

リンパ腫は、免疫細胞の1つであるリンパ球が無秩序に増殖してしまう血液のがんです。人間や犬では、首やわきの下などの全身のリンパ節がぼこぼこ腫れることが多いですが、**猫では、小腸や胃にできる「消化器型リンパ腫」や、鼻の中にできる「鼻腔内型リンパ腫」が特に多く発生します。他にも腎臓や脊髄にも発生することがあります。さらに猫白血病ウイルス（P188）に感染している猫ちゃんの場合は、2～4歳で発生する「縦隔型リンパ腫（胸の中にできるリンパ腫）」が多く見られます。**

様々な場所に発生してしまう猫のリンパ腫ですが、飼い主さんに覚えておいてほしいことは、**外から見えない体の中にできるタイプのリンパ腫が圧倒的に多いということです。**そのため、発見が遅れやすく、気づいた時にはかなり進行してしまっていた…というケースも少なくありません。

早期発見のためには、日頃から体重管理や猫ちゃんの様子をしっかり観察しておくことが大切です。そして、次のような異変に気づいた際は早めに動物病院を受診しましょう。

- 1か月で5〜10％以上体重が減った
- 嘔吐や下痢が増えた（消化器型リンパ腫の症状）
- 鼻から目や額にかけて腫れがある（鼻腔内型リンパ腫は鼻の骨を壊しながら増殖するため、顔の一部が腫れたり変形したりする）
- 鼻水、鼻血、呼吸がしづらい、いびきをかくなど鼻炎のような症状（鼻腔内型リンパ腫の症状）

猫の乳がんについて正しいのはどっち？

A 早期の避妊手術でほとんど予防できる

B 避妊手術では予防できない

乳がんは、乳腺にできる悪性腫瘍で、猫のがんの中でもリンパ腫と並んで多いと考えられます。進行が早い危険ながんなので、早期発見が大切です。

猫の乳がんは…

A 早期の避妊手術でほとんど予防できる

にゃんとす先生の解説

早期の避妊手術で乳がんリスクが低下

猫の乳がんは転移率や再発率が非常に高く、危険ながんです。1歳までに避妊手術を受けていれば、乳がんの発生率は90％近く低下しますが、避妊手術を受けていない猫ちゃんや成猫になってから避妊手術を受けた場合は、乳がんを発症しやすいので注意が必要です。

特に、適切な時期に避妊手術を受けることができなかった猫ちゃんは、「乳がんチェックマッサージ」を日頃から行い、しこりができていないかをチェックすると良いでしょう。

マッサージのやり方は、猫のおっぱいの周り、わきの下から、後ろ足の付け根まで、もれなく手で触ってチェックしていきます。猫ちゃんの機嫌のいい時や遊んでほしそうな時に行い、途中で嫌がっ

※キャットリボン運動　https://catribbon.jp/

たらそこでストップ。続きは次回でＯＫです。詳しくは、猫の乳がんについて啓発している「キャットリボン運動」※のホームページを見てみてください。

また、これから猫ちゃん（特にメス猫）を迎え入れようと考えている方は、動物病院の先生と相談しながら適切な時期に避妊手術を受けさせ、子猫のうちからお腹周りを触る練習をしておくと良いでしょう。

ちなみに、興味深いことに猫の乳腺（乳首）の数には個体差がけっこうあります。通常、猫の乳腺は４対、計８個ですが、６個しかない猫ちゃんもいれば、10個以上ある猫ちゃんもいます。中には７個や９個といった奇数の猫ちゃんもいるようです。メスもオスも同じ数だけあります。

人間でもおよそ10人に１人程度の割合で副乳があるそうなので、猫にも個体差があってもまったくおかしくありませんが、これだけバリエーションがあるのは面白いですよね！　乳首の数が多くても少なくても猫ちゃんの健康には何ら問題はありません。もし猫ちゃんのお許しが出れば数えてみてください！

急にごはんの量や水を飲む量が増えた。〇〇〇の可能性があるかも…

A 心臓病

B 糖尿病

愛猫がごはんをしっかり食べてくれていて、お水もたくさん飲んでくれていると安心と思っていませんか？　しかし、じつはこれらが病気のサインのこともあるのです…。

B 糖尿病

急にごはんや水の量が増えた時に考えられる病気は…

あれ？もうお水ないや

さっきあげたばかりなのにおかしいな

水飲む量がいきなり増えるって異常？

ドョーン

これって病気の始まりだったり…？

こぼしてるだけで良かった

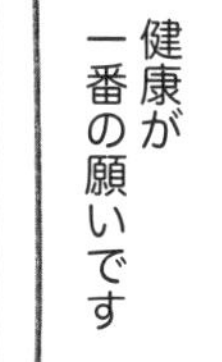

にゃんとす先生の解説

ごはんやお水の量が急に増えるのは病気がひそんでいる可能性が…

猫がごはんをよく食べ、よく水を飲むことは健康の証だと思われるかもしれません。しかし、**猫の糖尿病は、ごはんやお水の量が増える典型的な例で、非常に多い病気です。**糖尿病は、インスリンというホルモンが分泌されにくくなったり、インスリンの効きが悪くなったりする病気で、これによって糖分をうまくエネルギーとして利用できなくなってしまう状態に陥ります。そのため、体は常にエネルギー不足を感じ、食欲が増し、より多くの食べ物を摂取するようになります。また、血糖値が上昇すると腎臓から過剰な水分が排出されるため、のどが渇き、水分を多く摂るようになります。

また、**高齢猫でよく見られる甲状腺機能亢進症（人間でいうバセドウ病）も、食欲旺盛になったり、お水をたくさん飲むようになったりする典型的な病気です。**甲状腺機能亢進症とは、元気ホルモンとも呼ばれる甲状腺ホルモンがたくさん作られてしまうことで起こる病気です。症状は、急に活発になって落ち着きがなくなったり、夜鳴きや攻撃的になったりします。

またエネルギーの消費が増加するので、ガツガツごはんを食べますが、どんどん痩せていきます。他にも毛並みが悪くなったり、嘔吐や下痢といった症状が見られたりします。「ホルモンの影響で元気になり過ぎて体が疲れてしまう」というイメージです。おしっこの量も増えるので、のどが渇き、お水もたくさん飲むようになります。

その他にも、初期の慢性腎臓病では、おしっこの量が増加するので水をよく飲むようになります（P200）。

これらの病気に早期に気づくためには、やはり定期的な体重測定が大切です。**食欲は旺盛なのに痩せていく場合は、何らかの病気が隠れている可能性が高いでしょう。お水を飲む量が増えてきたなと感じた場合は、おしっこの量や色を観察してみてください。おしっこの色が薄くなったり、猫砂のおしっこ玉やペットシーツのおしっこの円が大きくなったりしてきた場合は注意が必要です。**

また、こうした病気では、のどの渇きよりも先に尿量の増加が起こります。猫はもともと、のどの渇きに鈍感で、高齢になるとさらに鈍くなってくるので、のどが渇いていても必ずしも水をたくさん飲むとは限りません。少しでもおかしいなと思ったら、かかりつけの先生に相談しましょう。

猫の肥大型心筋症について正しいのはどっち？

Ⓐ 純血種に多く、雑種の発生は少ない

Ⓑ 高齢の猫に多く、若い猫の発生は少ない

肥大型心筋症という心臓の病気は、「昨日まで元気だったのに…」という突然死の危険があります。正しい治療を受けることで進行を遅らせることができるので、定期的に健康診断を受け、早期発見が大切です。

どっちも不正解

猫の肥大型心筋症の発生は…

病気のことってなかなか聞けないから

本当のところがわかんない

モヤ

モヤ

にゃんとす先生の解説

猫の突然死の原因は肥大型心筋症が多い

猫が突然亡くなるという話を聞くことがありますが、その原因の多くは「肥大型心筋症」という心臓の病気によるものだと考えられています。肥大型心筋症は、心臓の筋肉が肥大化してしまい、心臓のポンプの機能が低下してしまう病気です。心臓がマッチョになり過ぎてうまく動かせなくなってしまうイメージです。

肥大型心筋症は、人間の場合は500人に1人といわれていますが、猫の場合、健康に見える猫でも6〜7匹に1匹の割合でこの病気を持っているというデータもあるほど一般的な病気です。また心筋症で亡くなった猫のうち、15%が突然死だったというデータもあります。

この病気のやっかいな点は、初期段階では症状が出にくく、見逃されることが多いことです。知らないうちに進行し、心臓の中で血栓ができ、それが血管に突然詰まることで亡くなってしまうことがあります。

これを「大動脈血栓塞栓症」と呼び、特に猫の場合は後ろ足の動脈に詰まることが多く、突然苦しみだし、腰が抜けたようになります。また、肺や胸に水が溜まって呼吸が苦しくなってしまいます。この状態に陥ると非常に危険で、発症前まで至って健康に見えていた猫ちゃんが、たった一夜にして亡くなることも多いのです。

肥大型心筋症は、メインクーンやアメリカンショートヘアなどの純血種で多く見られる病気だといわれていますが、短毛の雑種猫でも発生が多い病気です。

また、この病気は若くして発症することも多いです。1歳未満でも発症することがあり、どんな猫でも発症する危険があることを覚えておきましょう。

残念ながら肥大型心筋症そのものの治療法はありませんが、早期に発見し、経過を観察しながら心臓の負担を減らす薬を始めることで、進行を遅らせることができます。ただし、心臓の音を聞く聴診やレントゲンでは異常が認められないケースがあり、見逃されてしまうことがあります。定期的な健康診断を受け、心配な場合は、心臓の超音波検査や血液検査（NT-proBNP）を受けることをおすすめします。

Which One is Correct?

問題

猫の認知症でよく見られる症状は？

Ⓐ よく鳴くようになる

Ⓑ トイレ以外でおしっこやうんちをする

近年、獣医療やキャットフードの進歩によって猫が長生きするようになり、認知症（認知機能不全症候群）を発症する猫が増えています。主な症状を知っておきましょう。

Ⓐ と Ⓑ どっちも正解

猫の認知症でよく見られる症状は…

猫にも認知症がある

2021年にエジンバラ大学のグループが猫の認知症の主な症状を8つに分類しました。これは、英語の頭文字を取って〝VISHDAAL〟と呼ばれています。

①**過剰に鳴く（Vocalization）**……よく鳴くようになる（特に夜間）。これは特に多い症状です。

②**社交性の変化（Interaction changes）**……以前よりも飼い主に過度に依存して甘えるようになる・逆にそっけなくなり愛情行動が減る・攻撃的になる。

③**睡眠／覚醒サイクルの変化（Sleep/wake cycle changes）**……睡眠サイクルが変わり、夜間ずっと起きていたり、以前より日中寝ることが増えたりする。

④**不適切な排尿（House soiling）**……トイレ以外の場所でおしっこやうんちをしてしまう。

⑤**見当識障害（Disorientation）**……自分のいる場所や行きたい場所がわからなくなる・壁や空間をぼーっと見つめる・家具の隙間などに入り込んでしまう・フードを見つけられないなど。

⑥活動量の変化（Activity changes）……徘徊するようになる・じっとしていることが増える・グルーミングを過剰にするようになったり、逆にあまりしなくなったりする・ごはんやおやつ、遊びに興味を示さなくなるなど。

⑦不安（Anxiety）……場所や人に対して怖がるようになる・落ち着きがなくなる。

⑧学習と記憶力の低下（Learning and memory）……ごはんをもらったことを忘れるなど。

こうした症状が認められた場合、猫の認知機能が低下している可能性が高いと考えられます。現在の獣医療では、認知症を完治させることは残念ながら不可能です。**認知症の発症を少しでも減らすためには、若い頃から猫の本能を刺激するような環境作りをすることが大切です。登ったり隠れたりすることができる場所を作る、毎日短時間でも遊びの時間を作る、知育トイを取り入れるといった工夫をしてみましょう。**

またヒルズやピュリナは猫の認知機能の維持に有効である栄養成分の研究に取り組んでおり、効果が認められた抗酸化物質や魚油などを使用しています。他の療法食が必要な持病などがなければ、与えてみても良いでしょう。

おわりに

本書を手に取り、
読んでいただきありがとうございました。
まずはお礼をお伝えします。

私、にゃんとすは、もともと動物病院で
実際に治療を行う臨床獣医師だったのですが、
現在は研究員としてがんなどの
難治性疾患の研究に従事しています。
私が最初にいた大学病院は二次病院といって、
普通の動物病院では治せないような病気を治療する、
いわば最後の砦のような存在でした。
そこには各分野のスペシャリストの
先生たちが集まっているのですが、
それでも治すことのできない病気がたくさんある
現実を目の当たりにしました。

それを「研究の力でどうにかしたい！」
と思うようになり、
研究者の道を進むことを決意しました。
ＳＮＳでの情報発信を始めた理由は、
治せない病気の猫たちのために
研究に打ち込んでいるはずなのに、
その間にも治せるはずの病気や
防げるはずの事故で命を落としている猫ちゃんが
たくさんいるという現状に強い矛盾を感じたからです。
画期的な治療法を研究することも大事ですが、
「正しい知識があれば救える命もたくさんある」
というのは臨床の現場で強く感じたことでした。
とはいえ、なかなか飼い主さんが
専門的な知識に触れる機会は少なく、
そのような機会を少しでも増やすことができれば…と思い、

始めたのがSNSでの情報発信でした。
今では、X（旧 Twitter）と Instagram を合わせると
約14万人の飼い主さんにフォローしていただき、
「にゃんとす先生のおかげで
病気に早く気づくことができました」
というお声も少しずついただくようになりました。
このような書籍を出版することにもなり、
本当に続けて良かったなぁと思っています。

今はまだ研究者としては半人前で修業の身ですが、
将来は猫の様々な病気について
研究するラボを立ち上げたいと思っています。
その時はこの本を読んでくださった方や
獣医にゃんとすのアカウントを
フォローしてくださっている飼い主さんたちと、

一緒に研究を進めることができればな、と思っています。
まさかこんなにも早く、
ここまでフォロワーさんが増えるとも思っていなかったので、
まだまだ研究者としての実力が追いついておらず、
もう少し先の話になってしまいますが…（笑）。

これからも猫さんと飼い主さんの生活をもっと楽しく、
豊かにできるような情報発信を続けていきます！
そして本業のほうでも、
みなさんに良いご報告ができるように
頑張りたいと思います。

2023年9月　獣医にゃんとす

キーワードさくいん

ま

や

ら

わ

A～Z

な

は

参考文献 

P12 Kennedy AJ, White JD. Feline ureteral obstruction: a case-control study of risk factors (2016-2019). J Feline Med Surg. 2022;24: 298–303.

Gawor JP, Reiter AM, Jodkowska K, Kurski G, Wojtacki MP, Kurek A. Influence of diet on oral health in cats and dogs. J Nutr. 2006;136: 2021S–2023S.

Finch NC, Syme HM, Elliott J. Risk Factors for Development of Chronic Kidney Disease in Cats. J Vet Intern Med. 2016;30: 602–610.

P16 Burdett SW, Mansilla WD, Shoveller AK. Many Canadian dog and cat foods fail to comply with the guaranteed analyses reported on packages. Can Vet J. 2018;59: 1181–1186.

P28 Wilson C, Bain M, DePorter T, Beck A, Grassi V, Landsberg G. Owner observations regarding cat scratching behavior: an internet-based survey. J Feline Med Surg. 2016;18: 791–797.

P32 Slovak JE, Foster TE. Evaluation of whisker stress in cats. J Feline Med Surg. 2021;23: 389–392.

P36 https://www.lion-pet.co.jp/catsuna/nekotoilet/

P44 Ellis SLH, Rodan I, Carney HC, Heath S, Rochlitz I, Shearburn LD, et al. AAFP and ISFM feline environmental needs guidelines. J Feline Med Surg. 2013;15: 219–230.

P48 Pratsch L, Mohr N, Palme R, Rost J, Troxler J, Arhant C. Carrier training cats reduces stress on transport to a veterinary practice. Appl Anim Behav Sci. 2018;206: 64–74.

P52 Mystery solved? Why cats eat grass. Plants & Animals. Science. (https://www.science.org/content/article/mystery-solved-why-cats-eat-grass)

P56 Yamada R, Kuze-Arata S, Kiyokawa Y, Takeuchi Y. Prevalence of 17 feline behavioral problems and relevant factors of each behavior in Japan. J Vet Med Sci. 2020;82:272-278.

P60 Cudney SE, Wayne A, Rozanski EA. Clothes dryer-induced heat stroke in three cats. J Vet Emerg Crit Care. 2021;31: 800–805.

Oxley J, Montrose T, Others. High-rise syndrome in cats. Veterinary Times. 2016;26: 10–12.

P72 Rand JS, Kinnaird E, Baglioni A, Blackshaw J, Priest J. Acute stress hyperglycemia in cats is associated with struggling and increased concentrations of lactate and norepinephrine. J Vet Intern Med. 2002;16: 123–132.

P82 Finstad JB, Rozanski EA, Cooper ES. Association between the COVID-19 global pandemic and the prevalence of cats presenting with urethral obstruction at two university veterinary emergency rooms. J Feline Med Surg. 2023;25: 1098612X221149377.

P82 Haywood C, Ripari L, Puzzo J, Foreman-Worsley R, Finka LR. Providing Humans With Practical, Best Practice Handling Guidelines During Human-Cat Interactions Increases Cats' Affiliative Behaviour and Reduces Aggression and Signs of Conflict. Front Vet Sci. 2021;8: 714143.

P90 Soennichsen S, Chamove AS. Responses of cats to petting by humans. Anthrozoös. 2002;15: 258–265.

Ellis SLH, Thompson H, Guijarro C, Zulch HE. The influence of body region, handler familiarity and order of region handled on the domestic cat's response to being stroked. Appl Anim Behav Sci. 2015;173: 60–67.

P94 荒井ら , 店舗用 BGM に最適な新規リラクゼーション音源の探索：猫のゴロゴロ音についての初期検討 , 情報処理学会研究報告 (2019)

McComb K, Taylor AM, Wilson C, Charlton BD. The cry embedded within the purr. Curr Biol. 2009;19: R507–8.

P112 Saito A, Shinozuka K, Ito Y, Hasegawa T. Domestic cats (Felis catus) discriminate their names from other words. Sci Rep. 2019;9: 5394.

Takagi S, Saito A, Arahori M, Chijiiwa H, Koyasu H, Nagasawa M, et al. Cats learn the names of their friend cats in their daily lives. Sci Rep. 2022;12: 6155.

McDowell LJ, Wells DL, Hepper PG. Lateralization of spontaneous behaviours in the domestic cat, Felis silvestris. Anim Behav. 2018;135: 37–43.

P120 Buckley LA, Arrandale L. The use of hides to reduce acute stress in the newly hospitalised domestic cat (Felis sylvestris catus). Veterinary Nursing Journal. 2017;32: 129–132.

van der Leij WJR, Selman LDAM, Vernooij JCM, Vinke CM. The effect of a hiding box on stress levels and body weight in Dutch shelter cats; a randomized controlled trial. PLoS One. 2019;14: e0223492.

Smith GE, Chouinard PA, Byosiere S-E. If I fits I sits: A citizen science investigation into illusory contour susceptibility in domestic cats (Felis silvestris catus). Appl Anim Behav Sci. 2021;240: 105338.

P132 McGowan RTS, Ellis JJ, Bensky MK, Martin F. The ins and outs of the litter box: A detailed ethogram of cat elimination behavior in two contrasting environments. Appl Anim Behav Sci. 2017;194: 67–78.

P136 Takagi S, Arahori M, Chijiiwa H, Tsuzuki M, Hataji Y, Fujita K. There's no ball without noise: cats' prediction of an object from noise. Anim Cogn. 2016;19: 1043–1047.

P144 Douglas RH, Jeffery G. The spectral transmission of ocular media suggests ultraviolet sensitivity is widespread among mammals. Proc Biol Sci. 2014;281: 20132995.

P164 Edney ATB. Feeding behaviour and preference in cats. FAB Bulletin. 1973.

P172 Finch NC, Syme HM, Elliott J. Risk Factors for Development of Chronic Kidney Disease in Cats. J Vet Intern Med. 2016;30: 602–610.

P176 Benjamin SE, Drobatz KJ. Retrospective evaluation of risk factors and treatment outcome predictors in cats presenting to the emergency room for constipation. J Feline Med Surg. 2020;22: 153–160.

P184 WSAVA 犬と猫のワクチネーションガイドライン

P194 Evangelista MC, Watanabe R, Leung VSY, Monteiro BP, O'Toole E, Pang DSJ, et al. Facial expressions of pain in cats: the development and validation of a Feline Grimace Scale. Sci Rep. 2019;9: 19128.

Steagall PV, Robertson S, Simon B, Warne LN, Shilo-Benjamini Y, Taylor S. 2022 ISFM Consensus Guidelines on the Management of Acute Pain in Cats. J Feline Med Surg. 2022;24: 4–30.

P198 Marino CL, Lascelles BDX, Vaden SL, Gruen ME, Marks SL. Prevalence and classification of chronic kidney disease in cats randomly selected from four age groups and in cats recruited for degenerative joint disease studies. J Feline Med Surg. 2014;16: 465–472.

Sugisawa R, Hiramoto E, Matsuoka S, Iwai S, Takai R, Yamazaki T, et al. Impact of feline AIM on the susceptibility of cats to renal disease. Sci Rep. 2016;6: 35251. doi:10.1038/srep35251

P204 Veterinary Oncology No.8 病理組織検査から得られた猫の疾患鑑別診断リスト 2015, Interzoo, 2015

P208 Overley B, Shofer FS, Goldschmidt MH, Sherer D, Sorenmo KU. Association between ovarihysterectomy and feline mammary carcinoma. J Vet Intern Med. 2005;19: 560–563.

P216 Paige CF, Abbott JA, Elvinger F, et al. Prevalence of cardiomyopathy in apparently healthy cats. J Am Vet Med Assoc. 2009;234:1398-1403.

Payne JR, Brodbelt DC, Fuentes VF. Cardiomyopathy prevalence in 780 apparently healthy cats in rehoming centres (the CatScan study). J Vet Cardiol. 2015;17 Suppl 1:S244-257.

Payne JR, Borgeat K, Brodbelt DC, et al. Risk factors associated with sudden death vs. congestive heart failure or arterial thromboembolism in cats with hypertrophic cardiomyopathy. J Vet Cardiol. 2015;17 Suppl 1:S318-328.

P220 Sordo L, Gunn-Moore DA. Cognitive Dysfunction in Cats: Update on Neuropathological and Behavioural Changes Plus Clinical Management. Vet Rec. 2021;188: e3.

にゃんとす先生のおすすめ商品

フードやトイレ用品、おもちゃ、ケア用品など
にゃんとす家でも愛用している商品を紹介します。

サイエンス・ダイエット

ヒルズ

多くの獣医師が信頼を寄せる大手メーカー。腸内細菌叢の健康に着目した「腸の健康サポートプラス」など特定の健康ニーズに沿った製品も発売している。ただし、ウェットフードの取り扱いがなくなったり、個包装でなくなったことは少し残念。

ロイヤルカナン

ロイヤルカナン ジャポン

科学的根拠に基づくフード開発で、多くの獣医師が信頼を寄せるメーカーの1つ。ロイヤルカナンの特徴は、フードの種類が非常に多いこと。個包装でないのはデメリットだが、ドライフードだけでなくウェットフードのラインナップも多く、ミックスフィーディングを取り入れやすい。

CIAO ちゅ〜る

いなばペットフード

みんな大好きCIAOちゅ〜る！　約90％が水分なので1本あたり約7kcalと与えやすいカロリー。また、わが家のにゃんちゃんにもぬるま湯で溶いて与えており、水分補給の補助としてもGood！

ピュリナ ワン キャット

ネスレ ピュリナ ペットケア

ピュリナ ワンのメリットはコスパが良く、健康機能食ドライフードとそれに対応するウェットフードが揃っており、ミックスフィーディングに適していること。個包装になっているので、新鮮な風味を保てるのも嬉しい。

グリニーズ™猫用 歯みがき専用スナック

グリニーズ™

こちらもアメリカ獣医口腔衛生協議会（VOHC）の認定を受けた歯みがき専用スナック。おやつでありながら総合栄養食としての基準を満たしていて、フレーバーも5種類あるので、愛猫の好みにあわせて変更することができる。知育トイと組み合わせるとさらにいい！

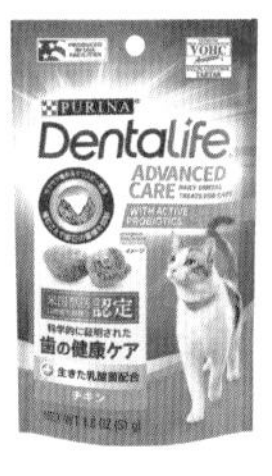

ピュリナ デンタライフ キャット デンタルケア スナック

ネスレ ピュリナ ペットケア

アメリカ獣医口腔衛生協議会（VOHC）に承認されたデンタルケアスナック。サクサク噛むことで歯石の蓄積をコントロールする。知育トイとの組み合わせがおすすめ。

トイレ

メガトレー

OFT

横幅48cm 奥行き65cmと大きめのトイレ。他の一般的なトイレと比べて深さがあり、砂が飛び散りにくい構造になっている。専用ライナーを使えば、猫砂のまるごと交換が簡単に行えるのも大きな特徴。

猫砂

ニオイをとる砂

ライオンペット

価格の安さを考慮するとNo.1の猫砂。鉱物系だが、ペレットタイプなので比較的砂埃も少なめで安心。スーパーなどでも購入できるのも嬉しい。猫砂で迷ったらまずはこれを試してみて。シリーズの「ウンチもオシッコも臭わない袋」も同じくおすすめ。

トイレ

うんちが臭わない袋

BOS

我が家でも愛用している袋。うんちや猫砂を入れて捨ててもまったく臭わない。100円ショップの類似商品や、おむつ入袋に代用されるパン袋などは時間が立つと臭いが漏れてくるので、少し値段は高いが専用の袋がおすすめ。

トイレ

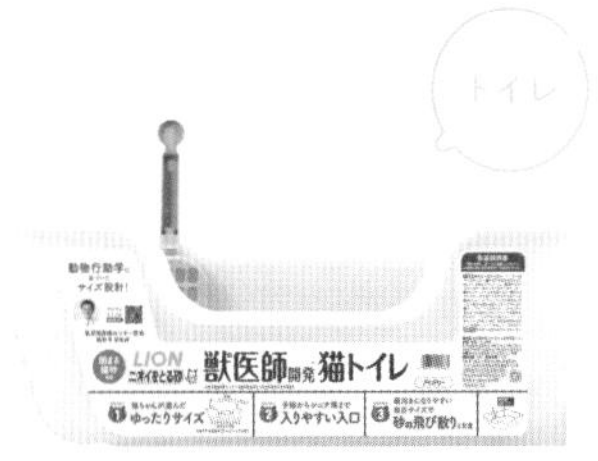

獣医師開発
ニオイをとる砂専用 猫トイレ

ライオンペット

猫専門獣医師の服部幸先生が監修した猫トイレ。奥行きをあえて狭くすることで排泄時の向きを横向きにし、砂が飛び散りにくくしているなど、獣医師目線からの細かな工夫がいくつも施されている。

おもちゃ

氷を作るトレー

100円ショップで買えるコスパ最強のおもちゃ。おやつやドライフードを中に入れて、手で取って遊ぶ「猫用知育トイ」としても使える。トレーが滑る場合は、飼い主さんが押さえてあげると少し取りやすくなる。器用な子は滑るくらいでも良いかも。

おもちゃ

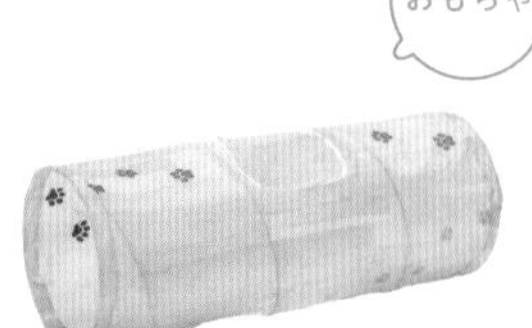

キャットトンネル

猫壱

隠れたり、飛び込んだり、いろんな遊び方ができるおもちゃ。シャカシャカ音がするのもお気に入りポイント。ただし、買ったのを後悔するくらい激しく遊ぶことも。猫じゃらしと組み合わせると、猫本来の「隠れて待ち伏せする狩猟スタイル」を再現した遊びができる。

食器

猫用　脚付フードボウル レギュラー

猫壱

磁器製の脚付きフードボウル。高齢の猫や食後に吐き戻す猫に特におすすめ。レギュラーサイズ、ラージサイズ、浅広口タイプ、斜めタイプがあり、愛猫の体格や好みに合わせて選べる。かえしがついていてフードがこぼれにくかったり、底のシリコンカバーがついて倒れにくかったりと猫に優しい細かな工夫がGood！

おもちゃ

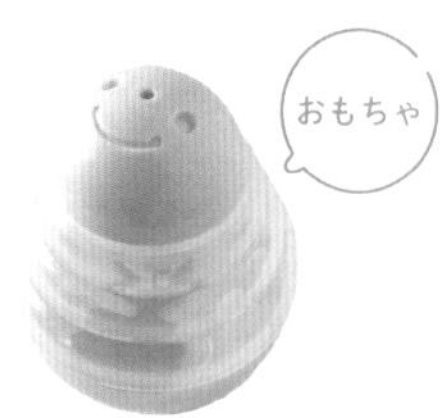

おやつトイ

3COINS

転がすとおやつが出てくる、いわゆる「トリートボール」という知育トイ。取り出し口の開閉具合を調節できるので、愛猫の器用さによって難易度を調節することができる。値段も安く、おすすめ。(880円商品)

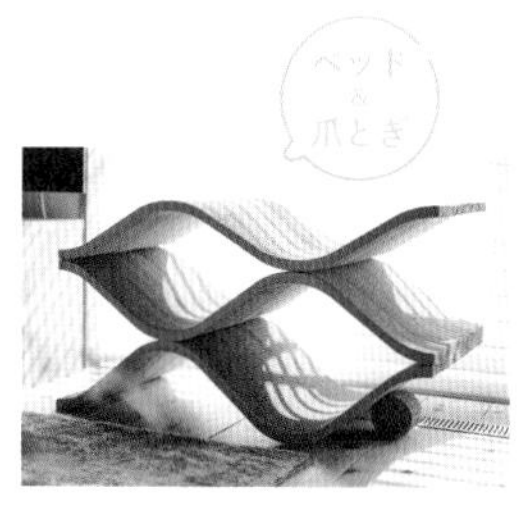

キャットセラー

furnya

私、にゃんとすが監修した強化ダンボール製の猫家具。「猫の大好きをぜんぶ1つに」をコンセプトに、爪とぎにも、隠れ家にも、お昼寝にも使用できる。すべてのパーツは取り外し可能で、裏返したり、新品と取替えたりすることが可能。インテリアとしてもおしゃれ。

ストレスなくスパッと切れる猫用爪切り

猫壱

その名の通り、切れ味にこだわった爪切りでスパッと切れる。ハンドル部分に滑り止め加工がされていたり、刃先の部分が薄く作られているので猫の爪を見やすかったりと、細かいところまで使いやすい工夫が施されている。ギロチンタイプの爪切りが使いづらい…という飼い主さんに。

バリバリボウルタワー

猫壱

とても人気の商品で、我が家でも愛用している爪とぎ＆ベッド。我が家のにゃんちゃんは上の段はベッドとして、下の段は爪とぎとして使い分けている。爪とぎ部分は新品に交換できるので、長く使える。単品のバリバリボウルもおすすめ。

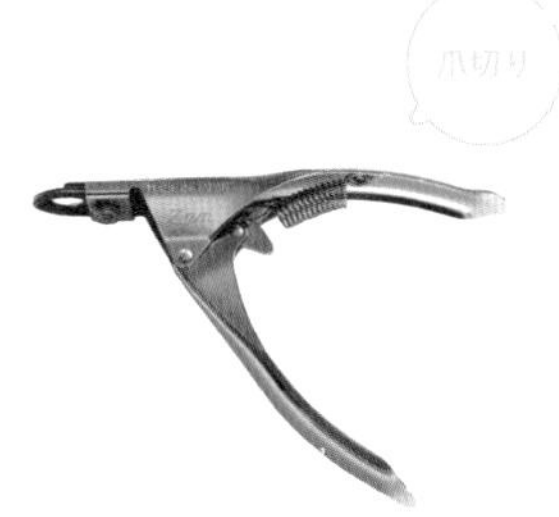

ペット用つめ切り Zan［ざん］ギロチンタイプ

廣田工具製作所

ギロチンタイプの爪切り。慣れるまで少し使い方が難しいが、素早くサクッと切れるので、爪切りを嫌がる猫のストレス軽減につながる。ギロチンタイプの爪切りは動物病院でもよく使われている。

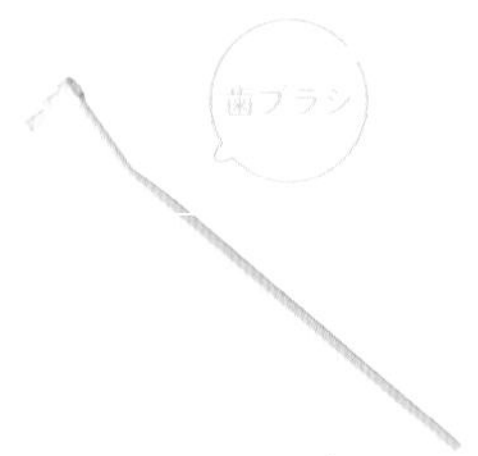

猫口ケア ティースブラシ

マインドアップ

ヒト用の歯ブラシと比較して、ブラシ部分が細くなっているのが特徴。また先端が柄に対して15°傾いているので、使用しやすい。さらにブラシ部分は取り外しができ、柄にセットする方向によって2種類の角度で使用できるのもGood！

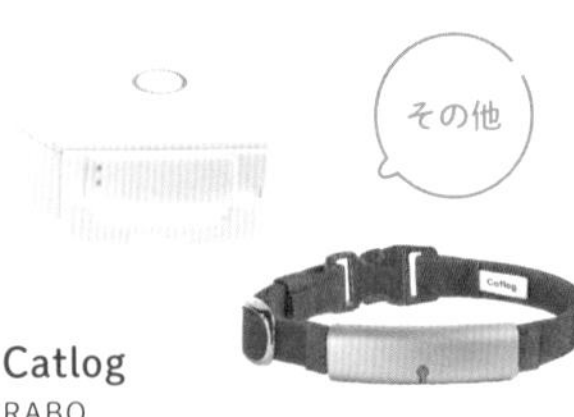

Catlog

RABO

愛猫の行動が自動で記録されるスマート首輪。睡眠時間や食事、毛づくろいの回数がわかる優れもの。同シリーズのCatlog boardではトイレの回数や体重も記録することができる。我が家でも愛用中で、飼い主がいる土日は睡眠時間が短い（起きてくれている？）など新しい発見も！

ファーミネーター

ファーミネーター

抜け毛がごっそり取れると話題のブラシ。我が家でも愛用している。ステンレス製の刃で抜け毛を絡めとる少し特殊なブラシだが、新デザインでは肌に刃が食い込まないようなガードが搭載され、より安全に使いやすくなった。ただし、1回5分程度を目安にし、やり過ぎはNG。

キャンピングキャリーファインダブルドアS

リッチェル

動物病院への通院用のおすすめはこれ。造りがしっかりしていて、頑丈。上からも横からも開くので、猫を取り出しやすく、処置を行う際のストレスを減らすことができる。普段は扉だけ外して室内に置いて慣れさせておくと良い。

ポリプロピレン頑丈収納ボックス

無印良品

キャットフードやおもちゃをまとめて収納するのに最適。ふたの両端にロックがついているので、かしこくて器用な猫でも開けることは難しいはず。我が家でも愛用しており、猫グッズはすべてこれに収納している。

パンチルト ネットワークWi-Fi カメラ Tapo C200

TP-Link

水平方向に360°・垂直方向に114°の首振りが可能な見守りカメラ。Wi-Fi 接続でスマホの専用アプリからいつでも愛猫の様子を確認することができる。暗視カメラもついているので、夜間でもはっきり見える。録画機能や動作検知機能など他の機能も多彩。我が家でも愛用中。

シリコーンジャムスプーン

無印良品

パウチのウェットフード用のスプーンにぴったり。柄が長いので、手が汚れることなく、奥まできれいにすくい取ることができて便利。ロイヤルカナンやピュリナ ワンのパウチとの相性が Good！